小学1年生

計算にぐーんと強くなる

JN051723

学習指導要領対応

もくじ

1 2けた÷1けた （九九を1回使う）

れい

14÷4の筆算

$$4\overline{)14} \Rightarrow 4\overline{)14}^{3} \Rightarrow 4\overline{)14}^{3}12 \Rightarrow 4\overline{)14}^{3}\underline{12}2$$

（一の位に 3をたてる。）　（四三12）　（ひく。）

答えは 一の位に たつよ。

---

1 次の計算をしましょう。　　　　　　　　　　　　　〔1問　12点〕

① $3\overline{)20}$　　　② $5\overline{)39}$　　　③ $2\overline{)19}$

④ $8\overline{)40}$　　　⑤ $4\overline{)23}$　　　⑥ $9\overline{)34}$

⑦ $6\overline{)50}$　　　⑧ $7\overline{)56}$

2 1つに6人ずつすわれる長いすがあります。42人が全員すわるには，いすはいくつあればよいでしょうか。　　　　　　〔4点〕

式

答え（　　　　　　　　）

2 2けた÷1けた （あまりなし①）

とく点

点

れい

68÷2の筆算

$$2)\overline{68} \Rightarrow 2)\overline{\overset{3}{68}} \Rightarrow \mathbf{2})\overline{\overset{3}{68}} \Rightarrow 2)\overline{\overset{3}{68}} \Rightarrow 2)\overline{\overset{34}{68}}$$

$$\underset{0}{6} \qquad \underset{8}{6} \qquad \begin{matrix}6\\8\\8\\\overline{0}\end{matrix}$$

（6÷2で3を十の位にたてる。）
（2×3＝6 6をひく。）
（一の位の8をおろす。）
（8÷2で4をたてて計算する。）

① 次の計算をしましょう。　　　　　　　　　〔1問　16点〕

① 3)69

② 2)46

③ 4)84

④ 2)82

⑤ 7)77

⑥ 3)93

② 画用紙が63まいあります。これを1人に3まいずつ分けると，何人に分けられますか。　　　　　　　　　　〔4点〕

式

答え（　　　　　　　）

3 ◆わり算の筆算

2けた÷1けた（あまりなし②）

れい

51÷3の筆算

$$3\overline{)51} \Rightarrow 3\overline{)51}^{1} \Rightarrow 3\overline{)51}^{1} \Rightarrow 3\overline{)51}^{1} \Rightarrow 3\overline{)51}^{17}$$

（5÷3で1
を十の位に
たてる。）

$$\begin{array}{r} 1 \\ 3\overline{)51} \\ 3 \\ \hline 2 \end{array}$$
（3×1＝3
3をひく。）

$$\begin{array}{r} 1 \\ 3\overline{)51} \\ 3 \\ \hline 21 \end{array}$$
（一の位の
1をおろす。）

$$\begin{array}{r} 17 \\ 3\overline{)51} \\ 3 \\ \hline 21 \\ 21 \\ \hline 0 \end{array}$$
（21÷3で7を
たてて計算する。）

1 次の計算をしましょう。　　　　　　　　　　　　〔1問　12点〕

① $4\overline{)76}$　　　　② $2\overline{)50}$　　　　③ $7\overline{)91}$

④ $6\overline{)84}$　　　　⑤ $3\overline{)87}$　　　　⑥ $5\overline{)75}$

2 次の計算を筆算でしましょう。　　　　　　　　　〔1問　14点〕

① $76÷2$　　　　　　　② $92÷4$

4 2けた÷1けた （あまりあり①）

れい

64÷3の筆算

$$3)\overline{64} \Rightarrow 3)\overline{64}^{\,2} \Rightarrow \mathbf{3)\overline{64}^{\,2}}_{\underline{6}\ \ 0} \Rightarrow 3)\overline{64}^{\,2}_{\underline{6}\ \ 4} \Rightarrow 3)\overline{64}^{\,21}_{\underline{6}\ \ 4}_{\underline{3}\ \ 1}$$

$\binom{6÷3で2}{を十の位に}$
$\binom{}{たてる。}$ 　$\binom{3×2=6}{6をひく。}$ 　$\binom{一の位の}{4をおろす。}$ 　$\binom{4÷3で1を}{たてて計算}$ 　$\binom{}{する。}$

---

1 次の計算をしましょう。 〔1問 20点〕

① $4)\overline{89}$

② $2)\overline{65}$

③ $3)\overline{98}$

④ $6)\overline{69}$

⑤ $2)\overline{49}$

ひとやすみ

◆たし算めいろ

　右のめいろを，スタートから
ゴールへと進み，とちゅうにあ
る数字を全部たしていきます。

　ゴールではいくつになるで
しょうか。

　（答えはべっさつの16ページ）

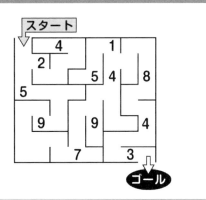

◆わり算の筆算

5 2けた÷1けた（あまりあり②）

とく点

点

れい

35÷2の筆算

$2\overline{)35}$ ⇒ $2\overline{)35}^{\,1}$ ⇒ $\mathbf{2}\overline{)35}^{\,1}\!\begin{array}{c}2\\\hline1\end{array}$ ⇒ $2\overline{)35}^{\,1}\!\begin{array}{c}2\\\hline15\end{array}$ ⇒ $2\overline{)35}^{\,17}\!\begin{array}{c}2\\\hline15\\14\\\hline1\end{array}$

$\left(\begin{array}{c}3÷2で1\\を十の位に\\たてる。\end{array}\right)$　$\left(\begin{array}{c}2×1=2\\2をひく。\end{array}\right)$　$\left(\begin{array}{c}一の位の\\5をおろす。\end{array}\right)$　$\left(\begin{array}{c}15÷2で7を\\たてて計算\\する。\end{array}\right)$

1 次の計算をしましょう。　　　　　　　　　〔1問　12点〕

①　$3\overline{)46}$　　　　②　$6\overline{)98}$　　　　③　$2\overline{)71}$

④　$4\overline{)99}$　　　　⑤　$7\overline{)90}$　　　　⑥　$5\overline{)84}$

2 次の計算を筆算でしましょう。　　　　　　〔1問　14点〕

①　70÷4　　　　　　②　85÷3

6 2けた÷1けた （商の一の位が0）

れい

62÷3の筆算

$3\overline{)62}$ ⇨ $3\overline{)62}^{2}$ ⇨ $3\overline{)62}^{2}$ ⇨ $3\overline{)62}^{2}$ ⇨ $3\overline{)62}^{20}$

$\left(\begin{array}{l}6÷3で2\\を十の位に\\たてる。\end{array}\right)$ $\left(\begin{array}{l}3×2=6\\6をひく。\end{array}\right)$ $\left(\begin{array}{l}一の位の\\2をおろす。\end{array}\right)$ $\left(\begin{array}{l}2÷3で一の位\\は0になる。\end{array}\right)$

1 次の計算をしましょう。 〔1問 12点〕

① $4\overline{)83}$ ② $7\overline{)75}$ ③ $2\overline{)81}$

④ $5\overline{)50}$ ⑤ $2\overline{)61}$ ⑥ $3\overline{)92}$

2 次の計算を筆算でしましょう。 〔1問 12点〕

① 60÷2   ② 42÷4

3 82このおはじきを，4人で同じ数ずつ分けます。1人分は何こずつになって，何こあまりますか。 〔4点〕

式

答え（　　　　　　　　　　　　）

3けた÷1けた （あまりなし①）

れい

462÷2の筆算

$$2\overline{)462} \quad \Rightarrow \quad \begin{array}{r} 2 \\ 2\overline{)462} \\ 4 \\ \hline 0 \end{array} \quad \Rightarrow \quad \begin{array}{r} 23 \\ 2\overline{)462} \\ 4 \\ \hline 6 \\ 6 \\ \hline 0 \end{array} \quad \Rightarrow \quad \begin{array}{r} 231 \\ 2\overline{)462} \\ 4 \\ \hline 6 \\ 6 \\ \hline 2 \\ 2 \\ \hline 0 \end{array}$$

（4÷2で2を
百の位にたて
て計算する。）

（6÷2で3を
十の位にたて
て計算する。）

（2÷2で1を
一の位にたて
て計算する。）

1 次の計算をしましょう。　　　　　　　　〔1問　20点〕

① $3\overline{)693}$　　　　② $2\overline{)628}$　　　　③ $4\overline{)884}$

2 次の計算を筆算でしましょう。　　　　　　〔1問　20点〕

① $262÷2$　　　　　　② $996÷3$

◆わり算の筆算

8 3けた÷1けた（あまりなし②）

れい

534÷2の筆算

$$2 \overline{)534} \Rightarrow 2 \overline{)534}^{2} \Rightarrow 2 \overline{)534}^{26} \Rightarrow 2 \overline{)534}^{267}$$

```
     2              26              267
2)534          2)534           2)534
  4              4               4
  1             13              13
                12              12
                 1              14
                                14
                                 0
```

（5÷2で2を
百の位にたて
て計算する。）

（13÷2で6を
十の位にたて
て計算する。）

（14÷2で7を
一の位にたて
て計算する。）

1 次の計算をしましょう。　〔1問 20点〕

① 3)756

② 4)872

③ 5)685

2 次の計算を筆算でしましょう。　〔1問 20点〕

① 942÷6

② 672÷3

9 3けた÷1けた（あまりあり）

れい

745÷3の筆算

$$3 \overline{) 745} \quad \Rightarrow \quad 3 \overline{) 745} \quad \Rightarrow \quad 3 \overline{) 745} \quad \Rightarrow \quad 3 \overline{) 745}$$

```
        2              24                  248
 3)745      3)745          3)745        3)745
            6              6               6
            1             14              14
                          12              12
                           2              25
                                          24
                                           1
```

$\begin{pmatrix} 7 \div 3 \text{で} 2 \text{を} \\ \text{百の位にたて} \\ \text{て計算する。} \end{pmatrix}$ $\begin{pmatrix} 14 \div 3 \text{で} 4 \text{を} \\ \text{十の位にたて} \\ \text{て計算する。} \end{pmatrix}$ $\begin{pmatrix} 25 \div 3 \text{で} 8 \text{を} \\ \text{一の位にたて} \\ \text{て計算する。} \end{pmatrix}$

1 次の計算をしましょう。 〔1問 20点〕

① $4 \overline{) 654}$　　② $2 \overline{) 871}$　　③ $6 \overline{) 740}$

2 次の計算を筆算でしましょう。 〔1問 20点〕

① 938÷3　　② 707÷4

10 3けた÷1けた （商の一の位が0）

れい

482÷3の筆算

$3\overline{)482}$ ⇨ $3\overline{)482}$ （4÷3で1を百の位にたてて計算する。）

⇨ $3\overline{)482}$ （18÷3で6を十の位にたてて計算する。）

⇨ $3\overline{)482}$ （2÷3で一の位は0になる。）

1 次の計算をしましょう。 〔1問 15点〕

① $4\overline{)843}$

② $2\overline{)940}$

③ $6\overline{)785}$

④ $3\overline{)541}$

⑤ $5\overline{)600}$

⑥ $7\overline{)914}$

2 845本のサインペンを，1箱に6本ずつ入れていきます。6本入りの箱は何箱できて，何本あまりますか。 〔10点〕

式

答え（　　　　　　　　　　　）

11 3けた÷1けた （商の十の位が0）

れい

825÷4の筆算

$$4\overline{)825} \Rightarrow \begin{array}{r} 2 \\ 4\overline{)825} \\ 8 \\ \hline 0 \end{array} \Rightarrow \begin{array}{r} 20 \\ 4\overline{)825} \\ 8 \\ \hline 2 \end{array} \Rightarrow \begin{array}{r} 206 \\ 4\overline{)825} \\ 8 \\ \hline 25 \\ 24 \\ \hline 1 \end{array}$$

（8÷4で2を
百の位にたて
て計算する。）

（2÷4で
十の位は
0がたつ。）

（25÷4で6を
一の位にたて
て計算する。）

1 次の計算をしましょう。 〔1問 15点〕

① $3\overline{)624}$　　② $2\overline{)805}$　　③ $7\overline{)729}$

④ $4\overline{)830}$　　⑤ $3\overline{)902}$　　⑥ $2\overline{)617}$

2 4mのねだんが820円のぬのがあります。このぬのの1mのねだんは
何円ですか。 〔10点〕

式

答え（　　　　　　　　　）

12 3けた÷1けた （商が2けた①）

れい

247÷3の筆算

$$3\overline{)247} \Rightarrow 3\overline{)2\,47} \Rightarrow 3\overline{)247} \atop {24 \atop 0} \Rightarrow {82 \atop 3\overline{)247}} \atop {24 \atop {7 \atop {6 \atop 1}}}$$

$\begin{pmatrix} 2÷3で百の \\ 位に商はたた \\ ない。 \end{pmatrix}$　$\begin{pmatrix} 24÷3で8を \\ 十の位にたて \\ て計算する。 \end{pmatrix}$　$\begin{pmatrix} 7÷3で2を \\ 一の位にたて \\ て計算する。 \end{pmatrix}$

1 次の計算をしましょう。　〔1問　15点〕

① $4\overline{)284}$

② $7\overline{)429}$

③ $3\overline{)156}$

④ $6\overline{)547}$

⑤ $5\overline{)305}$

⑥ $2\overline{)183}$

2 208人が4台のバスにのって，遠足に行きます。どのバスにも同じ人数がのるようにします。1台に何人ずつのればよいでしょうか。〔10点〕

式

答え（　　　　　　　　）

◆わり算の筆算

3けた÷1けた （商が2けた②）

とく点

点

れい

259÷4の筆算

$$4\overline{)259} \Rightarrow 4\overline{)2\,59} \Rightarrow \begin{array}{r} 6 \\ 4\overline{)259} \\ 24 \\ \hline 1 \end{array} \Rightarrow \begin{array}{r} 64 \\ 4\overline{)259} \\ 24 \\ \hline 19 \\ 16 \\ \hline 3 \end{array}$$

（2÷4で百の位に商はたたない。）　（25÷4で6を十の位にたてて計算する。）　（19÷4で4を一の位にたてて計算する。）

1 次の計算をしましょう。　〔1問　12点〕

① $4\overline{)276}$

② $3\overline{)169}$

③ $6\overline{)504}$

④ $5\overline{)320}$

⑤ $8\overline{)500}$

⑥ $9\overline{)128}$

2 次の計算を筆算でしましょう。　〔1問　14点〕

① $458÷6$

② $300÷4$

14 3けた÷1けた （商が2けた，一の位が0）

れい

245÷6の筆算

$$6\overline{)245} \Rightarrow 6\overline{)2\,45} \Rightarrow \begin{array}{r} 4 \\ 6\overline{)245} \\ \underline{24} \\ 0 \end{array} \Rightarrow \begin{array}{r} 40 \\ 6\overline{)245} \\ \underline{24} \\ 5 \end{array}$$

（2÷6で百の位に商はたたない。）
（24÷6で4を十の位にたてて計算する。）
（5÷6で一の位は0になる。）

1 次の計算をしましょう。　〔1問　12点〕

①
$$4\overline{)322}$$

②
$$9\overline{)540}$$

③
$$3\overline{)210}$$

④
$$6\overline{)125}$$

⑤
$$7\overline{)354}$$

⑥
$$5\overline{)300}$$

2 次の計算を筆算でしましょう。　〔1問　12点〕

① 564÷8

② 360÷4

3 1つに6人すわれる長いすがあります。180人が全員すわるためには，長いすはいくつあればよいでしょうか。　〔4点〕

式

答え（　　　　　　　）

15 商が2けた

れい

$$48 \div 3 = 16 \qquad 189 \div 7 = 27$$

1 次の計算を暗算でしましょう。　　　　　　　〔1問　7点〕

① 39 ÷ 3　　　　　② 84 ÷ 4

③ 96 ÷ 4　　　　　④ 75 ÷ 5

2 次の計算を暗算でしましょう。　　　　　　　〔1問　7点〕

① 276 ÷ 3　　　　② 195 ÷ 5

③ 104 ÷ 2　　　　④ 132 ÷ 4

3 次の計算を暗算でしましょう。　　　　　　　〔1問　7点〕

① 69 ÷ 3　　　　　② 177 ÷ 3

③ 108 ÷ 4　　　　④ 78 ÷ 6

⑤ 54 ÷ 2　　　　　⑥ 114 ÷ 6

4 ゆづきさんは，おはじきを45こ持っています。これは妹の持っているおはじきの3倍です。妹はおはじきを何こ持っていますか。〔2点〕

（式）

答え（　　　　　　　　　）

16 商が何百・何百何十

れい

$800 \div 4 = 200$
$260 \div 2 = 130$

100 や 10 をもとにして考えよう。

---

1 次の計算を暗算でしましょう。　　　　〔1問　8点〕

① $800 \div 2$ 　　　　② $600 \div 3$

③ $900 \div 3$ 　　　　④ $600 \div 4$

2 次の計算を暗算でしましょう。　　　　〔1問　8点〕

① $820 \div 2$ 　　　　② $520 \div 4$

③ $390 \div 3$ 　　　　④ $780 \div 6$

⑤ $960 \div 3$ 　　　　⑥ $340 \div 2$

⑦ $650 \div 5$ 　　　　⑧ $840 \div 2$

3 ふでばこのねだんは910円で，これはノートのねだんの7倍だそうです。ノートのねだんは何円ですか。　　　　〔4点〕

式

答え（　　　　　　　　　）

17 まとめの練習

とく点

点

1 次の計算をしましょう。　　　　〔1問　4点〕

① 2)82　　　　② 8)96　　　　③ 5)69

2 次の計算をしましょう。　　　　〔1問　4点〕

① 2)856　　　　② 5)689　　　　③ 3)360

④ 9)340　　　　⑤ 2)214　　　　⑥ 7)428

3 次の計算を暗算でしましょう。　　　　〔1問　4点〕

① $62 \div 2$　　　　② $640 \div 4$

③ $500 \div 5$　　　　④ $156 \div 6$

⑤ $380 \div 2$　　　　⑥ $94 \div 2$

4 次の計算をしましょう。 〔1問 4点〕

① 7 ⟌ 6 0

② 2 ⟌ 2 3 2

③ 7 ⟌ 7 6

④ 5 ⟌ 9 5

⑤ 4 ⟌ 3 5 4

⑥ 4 ⟌ 2 6 0

⑦ 3 ⟌ 7 1 7

⑧ 8 ⟌ 9 6 0

⑨ 6 ⟌ 8 7

5 チョコレートが84こあります。これを7人に同じ数ずつあげました。1人に何こずつあげましたか。 〔4点〕

式

答え（　　　　　　　　　　）

18 何十でわるわり算（あまりなし）

れい

$60 \div 20 = 3$
$280 \div 40 = 7$

10をもとにすると，
$6 \div 2$，$28 \div 4$
で計算できるよ。

1 次の計算を暗算でしましょう。 〔1問 8点〕

① $80 \div 40$　　② $70 \div 10$

③ $90 \div 30$　　④ $40 \div 20$

2 次の計算を暗算でしましょう。 〔1問 8点〕

① $360 \div 40$　　② $420 \div 60$

③ $630 \div 90$　　④ $140 \div 20$

⑤ $560 \div 70$　　⑥ $160 \div 80$

⑦ $300 \div 60$　　⑧ $400 \div 50$

3 1本60円のえん筆があります。480円ではえん筆は何本買うことができますか。 〔4点〕

式

答え（　　　　　　　　）

◆わり算の暗算

何十でわるわり算（あまりあり）

れい

90 ÷ 40 ＝ 2 あまり 10
160 ÷ 30 ＝ 5 あまり 10

9 ÷ 4 ＝ 2 あまり 1,
16 ÷ 3 ＝ 5 あまり 1 と
計算するけど，10 をも
とにしているから，この
あまり 1 は，10 になるよ。

1 次の計算を暗算でしましょう。 〔1問 8点〕

① 70 ÷ 20 　　　　② 80 ÷ 30

③ 90 ÷ 40 　　　　④ 60 ÷ 40

2 次の計算を暗算でしましょう。 〔1問 8点〕

① 690 ÷ 90 　　　　② 260 ÷ 50

③ 350 ÷ 40 　　　　④ 430 ÷ 80

⑤ 580 ÷ 60 　　　　⑥ 170 ÷ 20

⑦ 300 ÷ 40 　　　　⑧ 400 ÷ 60

3 長さ 380cm のテープから，長さ 50cm のテープは何本とれて，何cm
あまりますか。 〔4点〕

式

答え（　　　　　　　　　）

◆わり算◆ 23

れい

$$21 \overline{)63} \!\! \overset{3}{} \quad \Rightarrow \quad 21 \overline{)63} \!\! \overset{3}{3} \quad \Rightarrow \quad 21 \overline{)63} \!\! \overset{3}{63} \quad \Rightarrow \quad 21 \overline{)63} \!\! \overset{3}{\underset{0}{63}}$$

1　次の計算をしましょう。　　　　　　　　　　〔1問　12点〕

①　$21 \overline{)84}$

②　$32 \overline{)96}$

③　$34 \overline{)68}$

④　$44 \overline{)88}$

⑤　$36 \overline{)72}$

⑥　$26 \overline{)78}$

2　次の計算を筆算でしましょう。　　　　　　　〔1問　12点〕

①　$69 \div 23$

②　$76 \div 38$

3　色紙が93まいあります。31人で同じ数ずつ分けると，1人分は何まいになりますか。　　　　　　　　　　〔4点〕

式

答え（　　　　　　　　　）

21 ◆わり算の筆算
2けた÷2けた（あまりあり）

とく点

点

> **れい**
>
> $$21\overline{)65}^{\;3} \quad \Rightarrow \quad 21\overline{)65}^{\;3}\;\;3 \quad \Rightarrow \quad 21\overline{)65}^{\;3}\;\;63 \quad \Rightarrow \quad 21\overline{)65}^{\;3}\;\;\frac{63}{2}$$

1 次の計算をしましょう。　　　　　　　　　　　　　　　　　〔1問　12点〕

① $21\overline{)86}$　　　　② $23\overline{)49}$　　　　③ $32\overline{)97}$

④ $24\overline{)75}$　　　　⑤ $45\overline{)92}$　　　　⑥ $23\overline{)97}$

2 次の計算を筆算でしましょう。　　　　　　　　　　　　　　〔1問　12点〕

① $95 \div 31$　　　　　　　② $54 \div 25$

3 おはじきが76こあります。24人で同じ数ずつ分けると，1人分は何こずつになって，何こあまりますか。　　　　　　　　　〔4点〕

式

答え（　　　　　　　　　　　　　　）

◆わり算◆ 25

22 ◆わり算の筆算
2けた÷2けた （商の見当を つける①）

れい

90÷20＝4と商の見当をつける。

$$23\overline{)87} \quad \frac{3}{}$$
$$\frac{69}{18}$$

$$\left[23\overline{)87} \;\; \frac{4}{} \quad \Rightarrow \quad 23\overline{)87} \;\; \frac{3}{} \right]$$
$$\frac{92}{} \Downarrow ひけない \quad \frac{69}{18}$$

---

1 次の計算をしましょう。   〔1問 12点〕

① $12\overline{)40}$ ② $23\overline{)62}$ ③ $14\overline{)58}$

④ $24\overline{)89}$ ⑤ $13\overline{)71}$ ⑥ $32\overline{)92}$

---

2 次の計算を筆算でしましょう。   〔1問 12点〕

① 54÷12   ② 68÷24

---

3 りんごが86こあります。これを1箱に12こずつ入れると，12こ入りの箱は何箱できますか。また，りんごは何こあまりますか。 〔4点〕

式

答え（   ）

23

2けた÷2けた （商の見当をつける②）

れい

70÷20＝3と商の見当をつける。

$$18\overline{)74} \quad \begin{array}{c} 4 \\ 72 \\ \hline 2 \end{array}$$

$$\begin{array}{c} 3 \\ 18\overline{)74} \\ 54 \\ \hline 20 \end{array} \Rightarrow \text{わる数より}\\ \text{大きい} \qquad \Rightarrow \qquad \begin{array}{c} 4 \\ 18\overline{)74} \\ 72 \\ \hline 2 \end{array}$$

1 次の計算をしましょう。 〔1問　12点〕

① $27\overline{)82}$

② $37\overline{)74}$

③ $16\overline{)65}$

④ $17\overline{)88}$

⑤ $26\overline{)80}$

⑥ $18\overline{)91}$

2 次の計算を筆算でしましょう。 〔1問　12点〕

① 68÷17

② 73÷36

3 画用紙1まいから，カードを18まい作ることができます。92まいの
カードを作るには，画用紙は何まいあればよいでしょうか。 〔4点〕

式

答え（ 　　　　　　　　 ）

24 3けた÷2けた （商が1けた）

れい

$$
\begin{array}{r}
6 \\
32\overline{)195} \\
192 \\
\hline
3
\end{array}
$$

商は一の位
にたつね。

1 次の計算をしましょう。 〔1問 4点〕

① $41\overline{)164}$

② $72\overline{)374}$

③ $63\overline{)191}$

④ $53\overline{)243}$

⑤ $81\overline{)633}$

⑥ $74\overline{)450}$

2 次の計算をしましょう。 〔1問 4点〕

① $33\overline{)304}$

② $32\overline{)121}$

③ $24\overline{)230}$

④ $49\overline{)362}$

⑤ $62\overline{)369}$

⑥ $25\overline{)100}$

3 次の計算をしましょう。 〔1問 6点〕

① 42〉304

② 53〉416

③ 34〉172

④ 40〉250

⑤ 60〉432

⑥ 52〉154

4 次の計算を筆算でしましょう。 〔1問 6点〕

① 324÷84

② 487÷64

5 長さ240cmのテープから，長さ25cmのテープは何本とれて，何cm
あまりますか。 〔4点〕

[式]

答え（   ）

25 3けた÷2けた （商が2けた①）

れい

$$
\begin{array}{r}
1 \\
24\overline{)296} \\
24 \\
\hline
5
\end{array}
\quad\Rightarrow\quad
\begin{array}{r}
1 \\
24\overline{)296} \\
24 \\
\hline
56
\end{array}
\quad\Rightarrow\quad
\begin{array}{r}
12 \\
24\overline{)296} \\
24 \\
\hline
56 \\
48 \\
\hline
8
\end{array}
$$

商は十の位にたつね。

---

1 次の計算をしましょう。　〔1問　12点〕

① 21)369

② 47)564

③ 32)679

④ 18)648

⑤ 16)702

⑥ 35)900

---

2 次の計算を筆算でしましょう。　〔1問　14点〕

① 824÷37

② 852÷15

26 3けた÷2けた （商が2けた②）

れい

$$32\overline{)651}^{\,2} \quad \Rightarrow \quad 32\overline{)651}^{\,20}$$

```
      2              20
32)651        32)651
   64            64
   11            11
```

商の一の位は
0になるよ。

1 次の計算をしましょう。　　　　　　　　　　〔1問　12点〕

① 21)852

② 46)950

③ 18)547

④ 35)704

⑤ 13)780

⑥ 16)640

2 次の計算を筆算でしましょう。　　　　　　　〔1問　12点〕

① 945÷31

② 730÷18

3 トマトが480こあります。1箱に24こずつ入れると，24こ入りの
箱は何箱できますか。　　　　　　　　　　　　　　　〔4点〕

式

答え（　　　　　　　　　　）

27 わり算のたしかめ

れい

$$3\overline{\smash{)}46} \begin{array}{r} 15 \\ \hline 46 \\ 3 \\ \hline 16 \\ 15 \\ \hline 1 \end{array}$$

わる数×商＋あまり＝わられる数
の式にあてはめて，答えのたしか
めをしよう。

$$3 \times 15 + 1 = 46$$

1 次の計算をしましょう。また，答えのたしかめもしましょう。

〔1問　10点〕

① $4\overline{\smash{)}35}$

② $6\overline{\smash{)}137}$

答えのたしかめ

(　　　　　　　　) (　　　　　　　　)

2 次の計算をしましょう。また，答えのたしかめもしましょう。

〔1問　10点〕

① $12\overline{\smash{)}95}$

② $23\overline{\smash{)}179}$

答えのたしかめ　　　　　　　　　答えのたしかめ

(　　　　　　　　) (　　　　　　　　)

3 次の計算を筆算でしましょう。また，答えのたしかめもしましょう。

〔1問　10点〕

① $69 \div 4$

② $182 \div 15$

答えのたしかめ

$($　　　　　　　　$)$

答えのたしかめ

$($　　　　　　　　$)$

③ $263 \div 5$

④ $98 \div 21$

答えのたしかめ

$($　　　　　　　　$)$

答えのたしかめ

$($　　　　　　　　$)$

⑤ $514 \div 9$

⑥ $736 \div 42$

答えのたしかめ

$($　　　　　　　　$)$

答えのたしかめ

$($　　　　　　　　$)$

28 まとめの練習

とく点

点

1 次の計算を暗算でしましょう。　　　　　　　　〔1問　5点〕

① $80 \div 20$　　　　　　② $270 \div 30$

③ $70 \div 30$　　　　　　④ $650 \div 40$

2 次の計算をしましょう。　　　　　　　　　　　〔1問　5点〕

① $21\overline{)84}$　　　② $24\overline{)72}$　　　③ $19\overline{)95}$

④ $11\overline{)89}$　　　⑤ $27\overline{)90}$　　　⑥ $13\overline{)64}$

3 次の計算をしましょう。　　　　　　　　　　　〔1問　5点〕

① $28\overline{)252}$　　　② $74\overline{)370}$　　　③ $91\overline{)728}$

④ $13\overline{)241}$　　　⑤ $25\overline{)430}$　　　⑥ $16\overline{)483}$

4 次の計算を筆算でしましょう。また，答えのたしかめもしましょう。

〔1問　6点〕

①　173÷9

②　85÷14

答えのたしかめ

(　　　　　　　　　　　)　(　　　　　　　　　　　)

5 　長さ160cmのはり金から，長さ15cmのはり金は何本とれて，何cmあまりますか。　〔8点〕

式

答え (　　　　　　　　　　　　　)

ひとやすみ

◆マッチぼう遊び

マッチぼうを1本だけ動かして，正しい式にしましょう。

9×2=5

(答えはべっさつの16ページ)

29 わり算のまとめ

とく点

点

1 次の計算をしましょう。　　　　　　　　　　　〔1問　4点〕

① 3)96

② 6)78

③ 4)63

④ 2)328

⑤ 5)651

⑥ 7)719

2 次の計算を暗算でしましょう。　　　　　　　　〔1問　4点〕

① 98÷7

② 350÷5

③ 240÷60

④ 190÷30

3 次の計算をしましょう。　　　　　　　　　　　〔1問　4点〕

① 32)98

② 13)70

③ 19)76

④ 43)258

⑤ 76)532

⑥ 28)392

4 次の計算を筆算でしましょう。　　　　　　　　　　〔1問　5点〕

① 78÷13

② 695÷34

③ 90÷4

④ 568÷71

⑤ 420÷12

⑥ 975÷3

5 あめ玉が53こあります。11人で同じ数ずつ分けると、1人分は何こずつになって、何こあまりますか。　　　　　　〔6点〕

[式]

答え（　　　　　　　　　　　）

30 がい数のたし算

れい

8574＋5729の答えを百の位までのがい数でもとめるときは，次のように計算します。

8600＋5700＝14300

四捨五入して，もとめる位までのがい数にしてから計算するよ。

1 百の位までのがい数にして計算しましょう。　〔1問　15点〕

① 4380＋7536　　　② 275＋362＋1125

2 千の位までのがい数にして計算しましょう。　〔1問　15点〕

① 23537＋15340　　　② 6180＋14093

3 一万の位までのがい数にして計算しましょう。　〔1問　15点〕

① 204568＋539507　　　② 54480＋63745

4 ある日の遊園地の入場者数は，おとなが6832人，子どもが14364人でした。この日の入場者数は全部でやく何万何千人ですか。千の位までのがい数で表して計算しましょう。　〔10点〕

式

答え（　　　　　　　　　）

31 がい数のひき算

れい

23534－8462の答えを千の位までのがい数でもとめるときは，次のように計算します。

24000－8000＝16000

四捨五入して，もとめる位までのがい数にしてから計算するよ。

1 百の位までのがい数にして計算しましょう。 〔1問 15点〕

① 4148－1362

② 1000－(213＋192)

2 千の位までのがい数にして計算しましょう。 〔1問 15点〕

① 7253－3608

② 24056－16714

3 一万の位までのがい数にして計算しましょう。 〔1問 15点〕

① 98374－21526

② 144627－75388

4 東小学校の人数は1246人，西小学校の人数は983人です。東小学校の人数は，西小学校の人数よりやく何百人多いですか。百の位までのがい数で表して計算しましょう。 〔10点〕

式

答え（　　　　　　　）

32 がい数のかけ算

れい

640×28の積の見積もりは，次のように上から1けたのがい数にして計算します。

600×30＝18000

上から1けたのがい数にして計算すると，かんたんに積の見積もりができるよ。

1 上から1けたのがい数にして計算しましょう。 〔1問 12点〕

① 36×24　　② 44×59

2 上から1けたのがい数にして計算しましょう。 〔1問 12点〕

① 216×293　　② 540×49

③ 21×354　　④ 866×190

⑤ 4257×472　　⑥ 680×1775

3 1さつ580円の本を125さつ仕入れました。全部で，やく何円になりますか。上から1けたのがい数で表して計算しましょう。 〔4点〕

式

答え（　　　　　　　）

33 がい数のわり算

れい

437÷23の商の見積もりは，次のように上から1けたのがい数にして計算します。

400÷20＝20

がい数を使うとかんたんに商の見積もりができるよ。

1 上から1けたのがい数にして計算しましょう。 〔1問 12点〕

① 561÷3

② 3936÷8

2 上から1けたのがい数にして計算しましょう。 〔1問 12点〕

① 5508÷27

② 462÷52

③ 2754÷266

④ 6006÷462

⑤ 80448÷192

⑥ 787360÷532

3 4年生108人が，バスで遠足に行きます。バス代は全部で81000円です。1人分のバス代は，やく何円になりますか。上から1けたのがい数で表して計算しましょう。 〔4点〕

式

答え（　　　　　　　　）

1 百の位までのがい数にして計算しましょう。　〔1問　4点〕

① 2379＋7408　　　　② 2563－948

③ 546＋3492　　　　④ 5049－1664

2 千の位までのがい数にして計算しましょう。　〔1問　4点〕

① 9256－4704　　　　② 30542＋16395

③ 19603－7384　　　　④ 3493＋12716

3 一万の位までのがい数にして計算しましょう。　〔1問　4点〕

① 36254＋41416　　　　② 260748－56294

③ 145390＋837253　　　　④ 43605－19443

4 上から1けたのがい数にして計算しましょう。　〔1問　4点〕

① 355 × 28

② 45 × 32

③ 694 × 160

④ 720 × 2750

5 上から1けたのがい数にして計算しましょう。　〔1問　8点〕

① 6700 ÷ 22

② 552 ÷ 56

③ 79325 ÷ 168

④ 567239 ÷ 483

6 りくとさんの市の男女の人数は，右の表のとおりです。りくとさんの市の人口は，全部でやく何万何千人ですか。千の位までのがい数で表してもとめましょう。　〔4点〕

	人口(人)
男	67483
女	70619

式

答え（　　　　　　　　　　　）

35 $\frac{1}{10}$ の位までの小数のたし算

とく点

点

れい

$$1.2 + 0.6 = 1.8$$

$$\begin{array}{r} 2.1 \\ + 1.8 \\ \hline 3.9 \end{array}$$

筆算は，位をそろえて書き，整数と同じように計算するよ。

1 次の計算をしましょう。　　　　　　　　　　　　〔1問　8点〕

①　2.3 + 0.5　　　　　　②　0.5 + 7.1

③　1 + 0.9　　　　　　　④　0.6 + 1.5

2 次の計算をしましょう。　　　　　　　　　　　　〔1問　10点〕

①　$\begin{array}{r} 1.2 \\ + 2.4 \\ \hline \end{array}$　　　②　$\begin{array}{r} 1.1 \\ + 0.7 \\ \hline \end{array}$　　　③　$\begin{array}{r} 0.6 \\ + 0.4 \\ \hline \end{array}$

④　$\begin{array}{r} 5 \\ + 4.8 \\ \hline \end{array}$　　　⑤　$\begin{array}{r} 0.9 \\ + 0.2 \\ \hline \end{array}$　　　⑥　$\begin{array}{r} 1.4 \\ + 1.7 \\ \hline \end{array}$

3 りんごジュースが大きいびんに1.5L，小さいびんに0.8L入っています。りんごジュースはあわせて何Lありますか。　　　　〔8点〕

式

答え（　　　　　　　　）

$\dfrac{1}{100}$ の位までの小数のたし算①

れい

$$
\begin{array}{r}
0.37 \\
+\ 0.45 \\
\hline
0.82
\end{array}
$$

位をそろえて書き，整数と同じように計算するよ。和の0と小数点をわすれないように！

1 次の計算をしましょう。　　　　　〔1問　10点〕

①　$\begin{array}{r} 0.28 \\ +\ 0.53 \\ \hline \end{array}$

②　$\begin{array}{r} 0.49 \\ +\ 0.14 \\ \hline \end{array}$

③　$\begin{array}{r} 0.62 \\ +\ 0.83 \\ \hline \end{array}$

④　$\begin{array}{r} 0.15 \\ +\ 0.92 \\ \hline \end{array}$

⑤　$\begin{array}{r} 0.57 \\ +\ 0.86 \\ \hline \end{array}$

⑥　$\begin{array}{r} 0.25 \\ +\ 0.07 \\ \hline \end{array}$

2 次の計算を筆算でしましょう。　　　　　〔1問　10点〕

①　$0.34 + 0.21$

②　$0.82 + 0.37$

③　$0.41 + 0.95$

④　$0.79 + 0.08$

37 $\frac{1}{100}$ の位までの小数のたし算②

れい

$$
\begin{array}{r}
1.28 \\
+\ 3.53 \\
\hline
4.81
\end{array}
$$

位をそろえて書き，整数と同じように計算するよ。和の小数点をわすれないように！

1 次の計算をしましょう。 〔1問 12点〕

①
$$
\begin{array}{r}
2.47 \\
+\ 6.12 \\
\hline
\end{array}
$$

②
$$
\begin{array}{r}
3.46 \\
+\ 2.27 \\
\hline
\end{array}
$$

③
$$
\begin{array}{r}
4.93 \\
+\ 3.54 \\
\hline
\end{array}
$$

④
$$
\begin{array}{r}
6.29 \\
+\ 1.95 \\
\hline
\end{array}
$$

⑤
$$
\begin{array}{r}
5.78 \\
+\ 3.26 \\
\hline
\end{array}
$$

⑥
$$
\begin{array}{r}
7.61 \\
+\ 0.58 \\
\hline
\end{array}
$$

2 次の計算を筆算でしましょう。 〔1問 12点〕

① 4.82＋2.51

② 6.43＋3.74

3 重さ1.36kg の入れものに，米を4.15kg 入れました。全体の重さは何kg ですか。 〔4点〕

式

答え（ 　　　　　　）

れい

$$\begin{array}{r} 0.465 \\ +0.387 \\ \hline 0.852 \end{array}$$

位をそろえて書き，整数と同じように計算するよ。和の0と小数点をわすれないように！

1 次の計算をしましょう。　　　　　　　　　　〔1問　10点〕

① $\begin{array}{r} 0.176 \\ +0.258 \\ \hline \end{array}$　　② $\begin{array}{r} 0.604 \\ +0.297 \\ \hline \end{array}$　　③ $\begin{array}{r} 0.322 \\ +0.583 \\ \hline \end{array}$

④ $\begin{array}{r} 0.075 \\ +0.066 \\ \hline \end{array}$　　⑤ $\begin{array}{r} 0.309 \\ +0.253 \\ \hline \end{array}$　　⑥ $\begin{array}{r} 0.098 \\ +0.904 \\ \hline \end{array}$

2 次の計算を筆算でしましょう。　　　　　　　〔1問　10点〕

① $0.832+0.601$　　　　② $0.218+0.439$

③ $0.406+0.597$　　　　④ $0.064+0.038$

39 $\frac{1}{1000}$ の位までの小数のたし算②

れい

$$\begin{array}{r} 1.485 \\ +3.912 \\ \hline 5.397 \end{array}$$

位をそろえて書き，整数と同じように計算するよ。和の小数点をわすれないように！

1 次の計算をしましょう。 〔1問 10点〕

① $\begin{array}{r} 4.193 \\ +2.468 \\ \hline \end{array}$

② $\begin{array}{r} 0.627 \\ +5.806 \\ \hline \end{array}$

③ $\begin{array}{r} 3.541 \\ +0.492 \\ \hline \end{array}$

④ $\begin{array}{r} 1.085 \\ +5.019 \\ \hline \end{array}$

⑤ $\begin{array}{r} 6.708 \\ +3.524 \\ \hline \end{array}$

⑥ $\begin{array}{r} 2.166 \\ +3.845 \\ \hline \end{array}$

2 次の計算を筆算でしましょう。 〔1問 10点〕

① $6.154 + 2.492$

② $5.728 + 0.291$

③ $3.259 + 4.743$

④ $2.067 + 1.546$

40 和の終わりが0の計算

れい

$$\begin{array}{r} 3.4\,7 \\ +\,2.7\,3 \\ \hline 6.2\,\cancel{0} \end{array}$$

$$\begin{array}{r} 0.9\,6 \\ +\,5.0\,4 \\ \hline 6.0\,\cancel{0}\,\cancel{0} \end{array}$$

6.20 は 6.2,
6.00 は 6
と同じだよ。

---

1 次の計算をしましょう。　　　　　　　　　　〔1問　12点〕

① $\begin{array}{r} 4.5\,2 \\ +\,3.9\,8 \\ \hline \end{array}$

② $\begin{array}{r} 3.7\,9 \\ +\,0.4\,1 \\ \hline \end{array}$

③ $\begin{array}{r} 0.6\,5 \\ +\,0.0\,5 \\ \hline \end{array}$

④ $\begin{array}{r} 8.4\,3 \\ +\,5.5\,7 \\ \hline \end{array}$

⑤ $\begin{array}{r} 1\,2.9\,8 \\ +\ \ \ 7.0\,2 \\ \hline \end{array}$

⑥ $\begin{array}{r} 0.5\,4\,6 \\ +\,0.2\,5\,4 \\ \hline \end{array}$

---

2 次の計算を筆算でしましょう。　　　　　　　〔1問　12点〕

① 6.97 ＋ 1.03

② 0.024 ＋ 0.076

---

3 りょうりで、さとうを0.35kg使ったので、のこりが1.25kgになりました。はじめにさとうは何kgありましたか。　　〔4点〕

式

 答え（　　　　　　　　　）

41 けた数のちがう小数のたし算①

れい

$$
\begin{array}{r}
2.6\,3 \\
+\,0.5\,0 \\
\hline
3.1\,3
\end{array}
$$

0.5 は 0.50 と考えて, 位をそろえて計算するよ。

1 次の計算をしましょう。　　　　　　　　　　　　　　〔1問　12点〕

①
$$
\begin{array}{r}
3.8\,6 \\
+\,9.4 \\
\hline
\end{array}
$$

②
$$
\begin{array}{r}
6.5\,2 \\
+\,4 \\
\hline
\end{array}
$$

③
$$
\begin{array}{r}
4.8\,2\,5 \\
+\,1.4\,9 \\
\hline
\end{array}
$$

④
$$
\begin{array}{r}
0.7\,1\,4 \\
+\,2.8\,9 \\
\hline
\end{array}
$$

⑤
$$
\begin{array}{r}
2.4\,3 \\
+\,7.6 \\
\hline
\end{array}
$$

⑥
$$
\begin{array}{r}
3.6\,9\,4 \\
+\,4.3\,1 \\
\hline
\end{array}
$$

2 次の計算を筆算でしましょう。　　　　　　　　　　　〔1問　12点〕

① 5.86＋1.6

② 0.904＋1.39

3 赤いリボンが 1.35m あります。青いリボンは, 赤いリボンより 0.8m 長いそうです。青いリボンの長さは何mですか。　　〔4点〕

 式

答え（　　　　　　　　　）

42 けた数のちがう小数のたし算②

れい

```
   1.3 0
 + 3.9 2
 ─────────
   5.2 2
```

1.3 は 1.30 と考えて、けた数をそろえて計算するよ。

1 次の計算をしましょう。　　　　　　　　　　〔1問　12点〕

① 　2.8
　+6.3 5

② 　4
　+3.4 2

③ 　3.6
　+0.9 7 4

④ 　4.2 7
　+3.7 6 5

⑤ 　0.9
　+5.4 0 3

⑥ 　7.4
　+2.6 9

2 次の計算を筆算でしましょう。　　　　　　　〔1問　12点〕

① 　7＋9.63

② 　5.92＋4.086

3 重さ0.4kgの入れものに、しおを1.75kg入れました。全体の重さは何kgになりますか。　　　　　　　　　　　〔4点〕

式

答え（　　　　　　　　　　　　）

43 まとめの練習

1 次の計算をしましょう。　　　　　　　　　　　〔1問　3点〕

① 　0.26
　+0.19

② 　0.37
　+0.68

③ 　3.58
　+2.14

④ 　5.45
　+2.98

⑤ 　6.74
　+0.32

⑥ 　0.354
　+0.619

⑦ 　0.706
　+0.597

⑧ 　3.285
　+1.743

⑨ 　4.058
　+1.693

2 次の計算をしましょう。　　　　　　　　　　　〔1問　3点〕

① 　2.83
　+4.17

② 　1.45
　+7.25

③ 　0.74
　+5.26

④ 　3.052
　+0.478

⑤ 　0.349
　+0.551

⑥ 　4.28
　+5.92

3 次の計算をしましょう。　　　　　　　　　　　〔1問　3点〕

① 　1.96
　+0.6

② 　7.28
　+14

③ 　0.863
　+1.29

④ 　4.98
　+0.329

⑤ 　4.4
　+5.62

⑥ 　26
　+ 4.13

4 次の計算を筆算でしましょう。 〔1問 4点〕

① 1.98＋2.5

② 12＋3.46

③ 3.83＋16.4

④ 0.07＋0.64

⑤ 4.52＋12.68

⑥ 4.93＋5.072

⑦ 0.875＋4.163

⑧ 15.95＋4.05

5 大きな箱の重さをはかったら2.5kgありました。小さな箱の重さを
はかったら，1.36kgありました。この2つの箱をいっしょにはかると，
何kgになりますか。 〔5点〕

式

答え（　　　　　　　　　　　　）

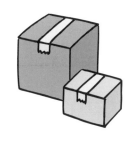

44 $\frac{1}{10}$ の位までの小数のひき算

れい

$$1.5 - 0.2 = 1.3$$

$$\begin{array}{r} 4.9 \\ -\ 2.5 \\ \hline 2.4 \end{array}$$

筆算は，位をそろえて書き，整数と同じように計算するよ。

1 次の計算をしましょう。　　　　　　　　　　〔1問　8点〕

① 2.5 − 0.4　　　　　　　② 1 − 0.7

③ 3.1 − 1　　　　　　　④ 5.6 − 0.8

2 次の計算をしましょう。　　　　　　　　　　〔1問　10点〕

①　$\begin{array}{r} 2.7 \\ -1.2 \\ \hline \end{array}$　　　　②　$\begin{array}{r} 1.6 \\ -0.3 \\ \hline \end{array}$　　　　③　$\begin{array}{r} 1 \\ -0.5 \\ \hline \end{array}$

④　$\begin{array}{r} 8.4 \\ -1.4 \\ \hline \end{array}$　　　　⑤　$\begin{array}{r} 1.5 \\ -0.8 \\ \hline \end{array}$　　　　⑥　$\begin{array}{r} 3.2 \\ -1.7 \\ \hline \end{array}$

3 ジュースが1.2Lあります。そのうち0.3Lを飲みました。ジュースは何Lのこっていますか。　　　　　　　　　　〔8点〕

[式]

答え（　　　　　　　　）

◆小数のひき算

$\dfrac{1}{100}$ の位までの小数のひき算①

れい

```
   3.4 6
 − 2.1 8
   1.2 8
```

位をそろえて書き，整数と同じように計算するよ。差の小数点をわすれないように！

1 次の計算をしましょう。 〔1問　12点〕

①
```
   8.2 5
 − 4.1 7
```

②
```
   4.3 1
 − 1.6 2
```

③
```
   4.0 5
 − 0.2 7
```

④
```
   1 2.4 3
 −   5.1 6
```

⑤
```
   1 4.0 3
 −   1.6 8
```

⑥
```
   3 6.1 4
 − 1 8.0 9
```

2 次の計算を筆算でしましょう。 〔1問　12点〕

① 6.32 − 2.83

② 30.73 − 12.48

3 重さ1.45kg の入れものに，みかんを入れて重さをはかったら，5.26kg ありました。みかんだけの重さは何kg ですか。 〔4点〕

式

答え（　　　　　　　　　）

46 $\frac{1}{100}$ の位までの小数のひき算②

とく点

点

れい

$$
\begin{array}{r}
1.56 \\
- 0.92 \\
\hline
0.64
\end{array}
$$

位をそろえて書き，整数と同じように計算するよ。差の0と小数点をわすれないように！

1 次の計算をしましょう。 〔1問 12点〕

①
$$
\begin{array}{r}
2.53 \\
-1.78 \\
\hline
\end{array}
$$

②
$$
\begin{array}{r}
3.42 \\
-2.81 \\
\hline
\end{array}
$$

③
$$
\begin{array}{r}
0.76 \\
-0.48 \\
\hline
\end{array}
$$

④
$$
\begin{array}{r}
4.06 \\
-3.19 \\
\hline
\end{array}
$$

⑤
$$
\begin{array}{r}
9.53 \\
-8.56 \\
\hline
\end{array}
$$

⑥
$$
\begin{array}{r}
1.24 \\
-0.35 \\
\hline
\end{array}
$$

2 次の計算を筆算でしましょう。 〔1問 12点〕

① 5.21 − 4.38

② 10.73 − 9.74

3 走りはばとびで，えいたさんは2.74m，ひろとさんは2.56mとびました。どちらが何m遠くまでとびましたか。 〔4点〕

式

答え (   )

◆小数のひき算

47 $\frac{1}{1000}$ の位までの小数のひき算①

れい

$$\begin{array}{r} 2.816 \\ -1.521 \\ \hline 1.295 \end{array}$$

位をそろえて書き，整数と同じように計算するよ。差の小数点をわすれないように！

1 次の計算をしましょう。 〔1問 10点〕

① $\begin{array}{r} 6.241 \\ -2.153 \\ \hline \end{array}$

② $\begin{array}{r} 3.152 \\ -0.541 \\ \hline \end{array}$

③ $\begin{array}{r} 8.025 \\ -3.174 \\ \hline \end{array}$

④ $\begin{array}{r} 9.103 \\ -4.098 \\ \hline \end{array}$

⑤ $\begin{array}{r} 2.816 \\ -0.907 \\ \hline \end{array}$

⑥ $\begin{array}{r} 5.004 \\ -1.236 \\ \hline \end{array}$

2 次の計算を筆算でしましょう。 〔1問 10点〕

① $5.724 - 3.169$

② $4.031 - 0.614$

③ $8.209 - 4.163$

④ $3.002 - 1.478$

48 $\frac{1}{1000}$ の位までの小数のひき算②

とく点

点

れい

```
  1.546
− 0.742
  0.804
```

位をそろえて書き，整数と同じように計算するよ。差の0と小数点をわすれないように！

1 次の計算をしましょう。　　　　　　　　　　〔1問　10点〕

①
```
  5.763
− 5.142
```

②
```
  4.629
− 3.815
```

③
```
  3.452
− 2.761
```

④
```
  1.415
− 0.829
```

⑤
```
  6.091
− 5.324
```

⑥
```
  0.453
− 0.185
```

2 次の計算を筆算でしましょう。　　　　　　　〔1問　10点〕

① 1.394 − 1.258

② 3.583 − 2.821

③ 6.251 − 5.634

④ 4.705 − 3.762

49 差の終わりが0の計算

れい

$$
\begin{array}{r}
4.34 \\
-\ 2.94 \\
\hline
1.40 \\
\end{array}
$$

1.40 は 1.4 と同じだよ。

1 次の計算をしましょう。　　　　　　　　　　〔1問　12点〕

①
$$
\begin{array}{r}
6.18 \\
-3.58 \\
\hline
\end{array}
$$

②
$$
\begin{array}{r}
2.35 \\
-2.15 \\
\hline
\end{array}
$$

③
$$
\begin{array}{r}
14.3 \\
-\ 6.3 \\
\hline
\end{array}
$$

④
$$
\begin{array}{r}
0.727 \\
-0.657 \\
\hline
\end{array}
$$

⑤
$$
\begin{array}{r}
9.416 \\
-3.816 \\
\hline
\end{array}
$$

⑥
$$
\begin{array}{r}
12.64 \\
-\ 8.64 \\
\hline
\end{array}
$$

2 次の計算を筆算でしましょう。　　　　　　　〔1問　12点〕

① 8.29 − 1.79

② 0.528 − 0.128

3 そうまさんの家から図書館を通って市役所までは2.35kmあります。図書館から市役所までは0.75kmです。そうまさんの家から図書館までは何kmありますか。　　　　　　　　　　〔4点〕

式

答え（　　　　　　　　　　）

50 けた数のちがう小数のひき算①

れい

$$
\begin{array}{r}
8.24 \\
-5.90 \\
\hline
2.34
\end{array}
$$

5.9 は 5.90 と考えて，位をそろえて計算するよ。

1 次の計算をしましょう。 〔1問 12点〕

①
$$
\begin{array}{r}
6.85 \\
-2.3 \\
\hline
\end{array}
$$

②
$$
\begin{array}{r}
5.43 \\
-2.8 \\
\hline
\end{array}
$$

③
$$
\begin{array}{r}
4.27 \\
-0.5 \\
\hline
\end{array}
$$

④
$$
\begin{array}{r}
8.241 \\
-4.36 \\
\hline
\end{array}
$$

⑤
$$
\begin{array}{r}
12.09 \\
-6.7 \\
\hline
\end{array}
$$

⑥
$$
\begin{array}{r}
0.903 \\
-0.72 \\
\hline
\end{array}
$$

2 次の計算を筆算でしましょう。 〔1問 12点〕

① 3.259 − 2.41

② 1.52 − 0.9

3 米が 3.52kg ありました。そのうち，1.6kg 使いました。米は何kg のこっていますか。 〔4点〕

式

答え（　　　　　　　　　）

51 けた数のちがう小数のひき算②

れい

$$\begin{array}{r} 3.2\,0 \\ -\ 1.5\,6 \\ \hline 1.6\,4 \end{array}$$

$$\begin{array}{r} 4.0\,0 \\ -\ 1.4\,2 \\ \hline 2.5\,8 \end{array}$$

3.2 は 3.20，4 は 4.00 と考えて，位をそろえて計算するよ。

1 次の計算をしましょう。　　　　　〔1問　10点〕

① $\begin{array}{r} 6.1 \\ -3.4\,3 \\ \hline \end{array}$

② $\begin{array}{r} 4\,2.7 \\ -\ \ 5.6\,8 \\ \hline \end{array}$

③ $\begin{array}{r} 2.6\,4 \\ -1.8\,1\,5 \\ \hline \end{array}$

④ $\begin{array}{r} 7 \\ -3.1\,6 \\ \hline \end{array}$

⑤ $\begin{array}{r} 5 \\ -1.4\,6\,3 \\ \hline \end{array}$

⑥ $\begin{array}{r} 1 \\ -0.8\,8\,3 \\ \hline \end{array}$

2 次の計算を筆算でしましょう。　　　　　〔1問　10点〕

① $3.2-0.89$

② $4.31-4.008$

③ $8-7.09$

④ $6-3.455$

52 まとめの練習

1 次の計算をしましょう。　　　　　　　　　　〔1問　3点〕

① 　3.05
　−1.24

② 　48.23
　−13.51

③ 　2.68
　−1.94

④ 　9.172
　−4.768

⑤ 　5.219
　−4.365

⑥ 　1.503
　−0.629

2 次の計算をしましょう。　　　　　　　　　　〔1問　3点〕

① 　15.29
　−　9.49

② 　4.86
　−4.36

③ 　0.815
　−0.125

3 次の計算をしましょう。　　　　　　　　　　〔1問　3点〕

① 　4.37
　−1.2

② 　6.08
　−3.4

③ 　3.23
　−0.7

④ 　12.08
　−　1.5

⑤ 　7.405
　−5.29

⑥ 　2.914
　−1.95

4 次の計算をしましょう。　　　　　　　　　　〔1問　3点〕

① 　10.7
　−　9.14

② 　2.5
　−2.216

③ 　5.36
　−3.284

④ 　4
　−2.78

⑤ 　5
　−4.25

⑥ 　1
　−0.624

5 次の計算を筆算でしましょう。　　　　　　　　　　　〔1問　4点〕

① 7.21 − 6.3

② 3.27 − 2.57

③ 0.812 − 0.054

④ 8 − 3.275

⑤ 5.2 − 4.16

⑥ 0.73 − 0.18

⑦ 4 − 0.92

⑧ 6.81 − 5.963

6　ハイキングで4km歩くつもりです。これまでに2.45km歩きました。あと何km歩くことになりますか。　　　　　　　　〔5点〕

式

答え（　　　　　　　　　　　）

れい

$$1.2 + 3.6 + 2.5 = 7.3 \qquad 2.05 + 1.2 + 0.34 = 3.59$$

1 次の計算をしましょう。　　　　　　　　　　〔1問　10点〕

① $1.5 + 2.1 + 1.7$　　　　② $3.4 + 0.2 + 2.8$

③ $0.42 + 2.51 + 1.36$　　　　④ $1.06 + 0.75 + 2.19$

2 次の計算をしましょう。　　　　　　　　　　〔1問　10点〕

① $3 + 1.6 + 4.8$　　　　② $1.08 + 2.4 + 3.52$

③ $0.26 + 1.8 + 2$　　　　④ $4.15 + 0.6 + 2.03$

⑤ $2.7 + 4 + 1.09$　　　　⑥ $0.2 + 0.75 + 0.07$

● − ▲ − ■

れい

$$5.8 - 1.4 - 2.6 = 1.8 \qquad 3 - 0.5 - 1.24 = 1.26$$

1 次の計算をしましょう。 〔1問 10点〕

① $6.5 - 3.2 - 0.8$

② $9.6 - 2.7 - 3.5$

③ $8.75 - 4.15 - 1.32$

④ $5.41 - 0.26 - 1.03$

2 次の計算をしましょう。 〔1問 10点〕

① $9.45 - 3.84 - 4.9$

② $8 - 3.4 - 2.6$

③ $15 - 4.3 - 6.25$

④ $7.2 - 1.04 - 2.5$

⑤ $10.05 - 4 - 5.2$

⑥ $12 - 2.9 - 0.64$

55

●＋▲－■

れい

$$3.5 + 1.6 - 2.4 = 2.7 \qquad 2.41 + 3.2 - 1.08 = 4.53$$

1 次の計算をしましょう。　〔1問　10点〕

① $1.8 + 6.5 - 3.9$

② $2.5 + 3.6 - 4.7$

③ $4.26 + 5.57 - 9.38$

④ $6.02 + 2.18 - 3.05$

2 次の計算をしましょう。　〔1問　10点〕

① $2.1 + 4 - 5.3$

② $3.26 + 1.9 - 2.07$

③ $5.76 + 4.24 - 8.2$

④ $1.3 + 0.72 - 1.6$

⑤ $3 + 2.01 - 4.8$

⑥ $1.05 + 4 - 0.99$

◆3つの小数の計算

●－▲＋■

れい

$$4.6 - 2.9 + 3.8 = 5.5 \qquad 4 - 1.5 + 0.67 = 3.17$$

1 次の計算をしましょう。　　　　　　　　　　　〔1問　10点〕

① $5.2 - 1.3 + 2.4$

② $1.7 - 0.9 + 4.5$

③ $3.56 - 2.18 + 1.94$

④ $6.02 - 4.51 + 2.63$

2 次の計算をしましょう。　　　　　　　　　　　〔1問　10点〕

① $4.3 - 1.05 + 2.18$

② $8 - 7.12 + 1.6$

③ $7.01 - 5.4 + 1.29$

④ $6.2 - 3 + 7.98$

⑤ $15.05 - 9.68 + 1.5$

⑥ $2 - 0.31 + 2.84$

57 小数のたし算とひき算のまとめ

とく点

点

1 次の計算をしましょう。　　　　　　　　　〔1問　3点〕

① 1.26
＋3.59

② 3
＋8.35

③ 0.54
＋0.16

④ 4.82
＋15.6

⑤ 2.619
＋1.322

⑥ 1.63
＋3.97

⑦ 0.7
＋3.48

⑧ 2.045
＋0.755

⑨ 1.43
＋0.9

2 次の計算をしましょう。　　　　　　　　　〔1問　3点〕

① 6.23
－1.51

② 3.2
－1.74

③ 8
－3.28

④ 0.947
－0.267

⑤ 7.254
－6.483

⑥ 1.82
－1.05

⑦ 1
－0.603

⑧ 8.03
－5.9

⑨ 3.74
－3.14

3 次の計算をしましょう。　　　　　　　　　　　　〔1問　5点〕

① 0.83＋0.69

② 6.44－5.89

③ 1.041－0.563

④ 2.64＋1.76

⑤ 3.805＋1.72

⑥ 5－0.042

⑦ 1.7＋3.4－2.65

⑧ 10－6.8－2.7

4 走りはばとびで, たくみさんは, ゆうきさんより0.45m遠くまでとび, 2.92mでした。ゆうきさんは何mとびましたか。　　　〔6点〕

式

答え（　　　　　　　　　　）

58 小数×整数の暗算①

れい

$$0.3 \times 2 = 0.6$$

0.3 は 0.1 が 3 こだから,
3×2＝6より,
0.3×2＝0.6となるよ。

1 次の計算を暗算でしましょう。　〔1問　8点〕

① 0.4×2　　　　　　② 0.3×3

③ 0.6×3　　　　　　④ 0.8×5

2 次の計算を暗算でしましょう。　〔1問　8点〕

① 0.02×4　　　　　　② 0.03×5

③ 0.05×6　　　　　　④ 0.08×7

3 次の計算を暗算でしましょう。　〔1問　8点〕

① 0.5×7　　　　　　② 0.06×8

③ 0.9×4　　　　　　④ 0.02×5

4 牛にゅうを1人0.2Lずつ飲みます。6人分では何Lいりますか。〔4点〕

式

答え（　　　　　　　　）

59 小数×整数の暗算②

とく点

点

れい

$1.4 \times 3 = 4.2$

1.4は0.1が14こだから,
14×3=42より,
1.4×3=4.2となるよ。

1 次の計算を暗算でしましょう。 〔1問 8点〕

① 1.2×4 ② 3.1×2

③ 4.3×2 ④ 2.3×3

2 次の計算を暗算でしましょう。 〔1問 8点〕

① 1.8×3 ② 2.4×4

③ 6.3×2 ④ 5.4×3

3 次の計算を暗算でしましょう。 〔1問 8点〕

① 1.4×2 ② 3.7×4

③ 2.4×3 ④ 5.3×2

4 1箱に1.6kgのいちごが入ってます。4箱分の重さは何kgになりますか。 〔4点〕

式

答え（ 　　　　　　 ）

◆小数×整数

60 $\frac{1}{10}$ の位の小数×1けた

れい

$$\begin{array}{r} 3.6 \\ \times\ 4 \\ \hline \end{array}$$ ⇨ $$\begin{array}{r} 3.6 \\ \times\ 4 \\ \hline 144 \end{array}$$ ⇨ $$\begin{array}{r} 3.6 \\ \times\ 4 \\ \hline 14.4 \end{array}$$

まずは,小数点を考えないで,整数と同じように計算するよ。3.6は0.1が36こ分。0.1をもとにして計算したので,かけられる数にそろえて,積の小数点をうつんだね。

1 次の計算をしましょう。　　　　　　　　　〔1問　12点〕

① $$\begin{array}{r} 4.5 \\ \times\ 3 \\ \hline \end{array}$$

② $$\begin{array}{r} 3.1 \\ \times\ 5 \\ \hline \end{array}$$

③ $$\begin{array}{r} 2.8 \\ \times\ 3 \\ \hline \end{array}$$

④ $$\begin{array}{r} 2.6 \\ \times\ 4 \\ \hline \end{array}$$

⑤ $$\begin{array}{r} 17.2 \\ \times\ 6 \\ \hline \end{array}$$

⑥ $$\begin{array}{r} 51.2 \\ \times\ 8 \\ \hline \end{array}$$

2 次の計算を筆算でしましょう。　　　　　　　〔1問　12点〕

① 6.7×4

② 40.5×9

3 1本に1.8Lの水が入ったびんが6本あります。水は全部で何Lありますか。　　　　　　　　　　　　　　　　　　　　　　　〔4点〕

式

答え（　　　　　　　　　　　）

61 $\frac{1}{100}$ の位の小数×1けた

とく点

点

れい

$$
\begin{array}{r}
1.2\,4 \\
\times \quad 6 \\
\hline
\end{array}
\Rightarrow
\begin{array}{r}
1.2\,4 \\
\times \quad 6 \\
\hline
7\,4\,4 \\
\end{array}
\Rightarrow
\begin{array}{r}
1.2\,4 \\
\times \quad 6 \\
\hline
7.4\,4 \\
\end{array}
$$

小数点を考えないで，整数と同じように計算し，かけられる数にそろえて，積の小数点をうつよ。

1 次の計算をしましょう。 〔1問 12点〕

① $\begin{array}{r} 1.8\,7 \\ \times \quad 3 \\ \hline \end{array}$　　② $\begin{array}{r} 6.2\,3 \\ \times \quad 4 \\ \hline \end{array}$　　③ $\begin{array}{r} 0.8\,2 \\ \times \quad 6 \\ \hline \end{array}$

④ $\begin{array}{r} 2.7\,3 \\ \times \quad 4 \\ \hline \end{array}$　　⑤ $\begin{array}{r} 0.4\,9 \\ \times \quad 5 \\ \hline \end{array}$　　⑥ $\begin{array}{r} 5.3\,4 \\ \times \quad 6 \\ \hline \end{array}$

2 次の計算を筆算でしましょう。 〔1問 12点〕

① 0.68×4　　　　② 4.83×5

3 重さ1.36kg の同じ荷物があります。この荷物8こ分の重さは何kgですか。 〔4点〕

式

答え（　　　　　　　）

62 $\frac{1}{1000}$ の位の小数×1けた

れい

$$
\begin{array}{r}
0.654 \\
\times\quad 3 \\
\hline
\end{array}
\Rightarrow
\begin{array}{r}
0.654 \\
\times\qquad 3 \\
\hline
1962
\end{array}
\Rightarrow
\begin{array}{r}
0.654 \\
\times\qquad 3 \\
\hline
1.962
\end{array}
$$

小数点を考えないで,整数と同じように計算し,かけられる数にそろえて,積の小数点をうつよ。

1 次の計算をしましょう。　　　　　　　　　　　〔1問　10点〕

①　$\begin{array}{r} 0.489 \\ \times\quad 6 \\ \hline \end{array}$
　　②　$\begin{array}{r} 0.523 \\ \times\quad 3 \\ \hline \end{array}$
　　③　$\begin{array}{r} 0.928 \\ \times\quad 4 \\ \hline \end{array}$

④　$\begin{array}{r} 0.674 \\ \times\quad 2 \\ \hline \end{array}$
　　⑤　$\begin{array}{r} 0.819 \\ \times\quad 5 \\ \hline \end{array}$
　　⑥　$\begin{array}{r} 0.704 \\ \times\quad 8 \\ \hline \end{array}$

2 次の計算を筆算でしましょう。　　　　　　　　〔1問　10点〕

①　0.692×3
　　　　②　0.481×7

③　0.507×4
　　　　④　0.456×9

63 積が1より小さい

れい

$$\begin{array}{r} 0.14 \\ \times\ \ \ \ 6 \\ \hline \end{array} \Rightarrow \begin{array}{r} 0.14 \\ \times\ \ \ \ 6 \\ \hline 84 \end{array} \Rightarrow \begin{array}{r} 0.14 \\ \times\ \ \ \ 6 \\ \hline 0.84 \end{array}$$

小数点を考えないで計算し，かけられる数にそろえて，積の小数点をうつよ。積の0をわすれないように！

1 次の計算をしましょう。　　　　　　　　　〔1問　10点〕

① $\begin{array}{r} 0.32 \\ \times\ \ \ \ \ 3 \\ \hline \end{array}$　　　② $\begin{array}{r} 0.215 \\ \times\ \ \ \ \ \ 3 \\ \hline \end{array}$　　　③ $\begin{array}{r} 0.024 \\ \times\ \ \ \ \ \ 7 \\ \hline \end{array}$

④ $\begin{array}{r} 0.143 \\ \times\ \ \ \ \ \ 6 \\ \hline \end{array}$　　　⑤ $\begin{array}{r} 0.09 \\ \times\ \ \ \ \ 5 \\ \hline \end{array}$　　　⑥ $\begin{array}{r} 0.054 \\ \times\ \ \ \ \ \ 8 \\ \hline \end{array}$

2 次の計算を筆算でしましょう。　　　　　　〔1問　10点〕

① 0.23×4　　　　　　② 0.106×9

③ 0.187×5　　　　　　④ 0.092×6

64 積の終わりが0①

れい

```
   8.5
 ×   4
  34.0
```

```
   2.35
 ×    4
   9.40
```

34.0 は 34，9.40 は
9.4 と同じだよ。

1 次の計算をしましょう。 〔1問 12点〕

① 3.5
 × 6

② 4.2
 × 5

③ 1.75
 × 6

④ 0.48
 × 5

⑤ 0.315
 × 4

⑥ 0.275
 × 8

2 次の計算を筆算でしましょう。 〔1問 12点〕

① 2.05×6

② 0.728×5

3 6この箱に，それぞれ12.5kg ずつりんごが入っています。りんご
の重さは，全部で何kg ですか。 〔4点〕

式

答え（　　　　　　　　　　）

65 $\frac{1}{10}$ の位の小数×2けた

れい

$$\begin{array}{r} 1.8 \\ \times 34 \\ \hline \end{array} \Rightarrow \begin{array}{r} 1.8 \\ \times 34 \\ \hline 72 \\ 54 \\ \hline 612 \end{array} \Rightarrow \begin{array}{r} 1.8 \\ \times 34 \\ \hline 72 \\ 54 \\ \hline 61.2 \end{array}$$

小数点を考えないで、整数と同じように計算し、かけられる数にそろえて、積の小数点をうつよ。

1 次の計算をしましょう。 〔1問 18点〕

① $\begin{array}{r} 2.6 \\ \times 47 \\ \hline \end{array}$ 　　② $\begin{array}{r} 14.5 \\ \times\ \ 26 \\ \hline \end{array}$ 　　③ $\begin{array}{r} 0.9 \\ \times 34 \\ \hline \end{array}$

2 次の計算を筆算でしましょう。 〔1問 18点〕

① 27.3×35 　　② 0.8×63

3 1kgの海水から、28.3gのしおがとれました。この海水25kgからは何gのしおがとれますか。 〔10点〕

式

答え（ 　　　　　　　 ）

66 $\frac{1}{100}$ の位の小数×2けた

れい

$$
\begin{array}{r}
3.56 \\
\times\ \ 23 \\
\end{array}
\Rightarrow
\begin{array}{r}
3.56 \\
\times\ \ 23 \\
\hline
1068 \\
712\ \ \\
\hline
8188 \\
\end{array}
\Rightarrow
\begin{array}{r}
3.56 \\
\times\ \ 23 \\
\hline
1068 \\
712\ \ \\
\hline
81.88 \\
\end{array}
$$

小数点を考えないで,整数と同じように計算し,かけられる数にそろえて,積の小数点をうつよ。

1 次の計算をしましょう。 〔1問 18点〕

① $\begin{array}{r} 2.78 \\ \times\ \ 36 \end{array}$ ② $\begin{array}{r} 0.74 \\ \times\ \ 28 \end{array}$ ③ $\begin{array}{r} 0.08 \\ \times\ \ 65 \end{array}$

2 次の計算を筆算でしましょう。 〔1問 18点〕

① 4.53×32 ② 0.96×58

3 1mの重さが0.45kgのはり金があります。このはり金25mの重さは何kgですか。 〔10点〕

式

答え（　　　　　　　　）

67 $\frac{1}{1000}$ の位(くらい)の小数×2けた

れい

$$\begin{array}{r} 0.248 \\ \times \quad 38 \\ \hline \end{array}$$ ⇨ $$\begin{array}{r} 0.248 \\ \times \quad 38 \\ \hline 1984 \\ 744 \quad \\ \hline 9424 \end{array}$$ ⇨ $$\begin{array}{r} 0.248 \\ \times \quad 38 \\ \hline 1984 \\ 744 \quad \\ \hline 9.424 \end{array}$$

小数点を考えないて，整数と同じように計算し，かけられる数にそろえて，積(せき)の小数点をうつよ。

1 次の計算をしましょう。　　　　　　　　　　〔1問　12点〕

①　$\begin{array}{r} 0.437 \\ \times \quad 24 \\ \hline \end{array}$　　②　$\begin{array}{r} 0.306 \\ \times \quad 29 \\ \hline \end{array}$　　③　$\begin{array}{r} 0.028 \\ \times \quad 17 \\ \hline \end{array}$

④　$\begin{array}{r} 0.692 \\ \times \quad 35 \\ \hline \end{array}$　　⑤　$\begin{array}{r} 0.083 \\ \times \quad 42 \\ \hline \end{array}$　　⑥　$\begin{array}{r} 0.405 \\ \times \quad 16 \\ \hline \end{array}$

2 次の計算を筆算でしましょう。　　　　　　　〔1問　14点〕

①　0.032×18　　　　②　0.902×35

68 積の終わりが0②

とく点

点

れい

$$
\begin{array}{r}
3.4 \\
\times 25 \\
\end{array}
\Rightarrow
\begin{array}{r}
3.4 \\
\times 25 \\
\hline
170 \\
68 \\
\hline
85.0 \\
\end{array}
\qquad
\begin{array}{r}
2.45 \\
\times\ 18 \\
\end{array}
\Rightarrow
\begin{array}{r}
2.45 \\
\times\ 18 \\
\hline
1960 \\
245 \\
\hline
44.10 \\
\end{array}
$$

85.0 は 85、
44.10 は 44.1
と同じだよ。

1 次の計算をしましょう。　　　　　　　　〔1問　12点〕

①　$\begin{array}{r} 5.6 \\ \times 15 \\ \end{array}$

②　$\begin{array}{r} 2.5 \\ \times 68 \\ \end{array}$

③　$\begin{array}{r} 1.92 \\ \times\ 45 \\ \end{array}$

④　$\begin{array}{r} 0.74 \\ \times\ 25 \\ \end{array}$

⑤　$\begin{array}{r} 0.25 \\ \times\ 32 \\ \end{array}$

⑥　$\begin{array}{r} 0.375 \\ \times\ 14 \\ \end{array}$

2 次の計算を筆算でしましょう。　　　　　　〔1問　14点〕

①　6.5×26

②　5.08×35

69 小数×何十

れい

$$
\begin{array}{r}
3.8 \\
\times\ 40 \\
\hline
152.0
\end{array}
\qquad
\begin{array}{r}
2.35 \\
\times\ \ 60 \\
\hline
141.00
\end{array}
$$

152.0 は 152，141.00 は 141 と同じだよ。

1 次の計算をしましょう。 〔1問 12点〕

①
$$
\begin{array}{r}
2.6 \\
\times 30 \\
\hline
\end{array}
$$

②
$$
\begin{array}{r}
4.7 \\
\times 60 \\
\hline
\end{array}
$$

③
$$
\begin{array}{r}
38.2 \\
\times\ \ 40 \\
\hline
\end{array}
$$

④
$$
\begin{array}{r}
6.34 \\
\times\ \ 30 \\
\hline
\end{array}
$$

⑤
$$
\begin{array}{r}
0.53 \\
\times\ \ 70 \\
\hline
\end{array}
$$

⑥
$$
\begin{array}{r}
0.72 \\
\times\ \ 50 \\
\hline
\end{array}
$$

2 次の計算を筆算でしましょう。 〔1問 12点〕

① 6.4 × 80

② 0.75 × 40

3 まわりの長さが 0.35km の池があります。この池のまわりを 20 しゅう走りました。全部で何 km 走りましたか。 〔4点〕

式

答え（ 　　　　　　　　 ）

70 まとめの練習

とく点

点

1 次の計算を暗算でしましょう。 〔1問 4点〕

① 0.9×6 ② 0.05×8

③ 3.2×3 ④ 4.9×5

2 次の計算をしましょう。 〔1問 4点〕

```
①    5.7
    ×  4
```

```
②   38.2
    ×   8
```

```
③   2.34
    ×   6
```

```
④   0.63
    ×   5
```

```
⑤  0.291
    ×    3
```

```
⑥   4.05
    ×   6
```

3 次の計算をしましょう。 〔1問 4点〕

```
①    3.8
    ×64
```

```
②   41.9
    × 52
```

```
③   6.03
    ×  47
```

```
④   0.54
    × 31
```

```
⑤  0.725
    ×   24
```

```
⑥   0.82
    × 60
```

4 次の計算を筆算でしましょう。　　　　　　〔1問　5点〕

①　24.8×62

②　5.76×4

③　0.619×35

④　7.5×43

⑤　0.85×24

⑥　30.7×90

5　8この箱にいちごがそれぞれ2.15kg ずつ入っています。いちごの重さは全部で何kg ですか。　　　　　　〔6点〕

式

答え（　　　　　　　　　　）

◆小数÷整数

71 小数÷整数の暗算

れい

18÷3＝6
1.8÷3＝0.6
0.18÷3＝0.06

答えの大きさを
くらべてみよう。

1 次の計算を暗算でしましょう。 〔1問 8点〕

① 1.2÷4 ② 0.8÷2

③ 2.4÷2 ④ 3.9÷3

2 次の計算を暗算でしましょう。 〔1問 8点〕

① 0.15÷5 ② 0.08÷4

③ 0.36÷3 ④ 0.49÷7

3 次の計算を暗算でしましょう。 〔1問 8点〕

① 3.2÷8 ② 0.42÷6

③ 0.6÷3 ④ 0.09÷3

4 ジュースが1.2Lあります。これを3人で同じりょうずつ分けます。1
人分は何Lになりますか。 〔4点〕

 式

答え (   )

72 ◆小数÷整数
$\frac{1}{10}$の位の小数÷1けた

```
  2        2.       2.5
3)7.5 ⇒ 3)7.5 ⇒ 3)7.5
  6        6        6
  1        1        15
                    15
                     0
```

まずは，小数点を考えないで，整数と同じように計算するよ。7.5は0.1が75こ分。0.1をもとにしたので，わられる数にそろえて商の小数点をうつんだね。

1 次の計算をしましょう。　〔1問　16点〕

① 6)8.4　② 4)9.2　③ 7)12.6

④ 6)73.8　⑤ 9)40.5　⑥ 5)83.5

2 8mの鉄のぼうの重さをはかったら，27.2kgありました。この鉄のぼう1mの重さは何kgですか。　〔4点〕

式

答え（　　　　　）

◆小数◆ 85

◆小数÷整数

73 $\frac{1}{100}$ の位の小数÷1けた

とく点

点

れい

```
      2.3 4
   4) 9.3 6
      8
      1 3
      1 2
        1 6
        1 6
         0
```

小数点を考えないで, 整数と同じように計算し, わられる数にそろえて, 商の小数点をうつよ。

1 次の計算をしましょう。　　　　　　　　　　　　　　　　　〔1問　16点〕

① 2)4.8 6

② 3)3.9 6

③ 5)7.3 5

④ 3)8.6 1

⑤ 7)9.5 2

⑥ 4)8.7 2

2 リボン4.35mを, 3人で同じ長さずつに分けます。1人分のリボンの長さは何mになりますか。　　　　　　　　　　　　　　　　〔4点〕

式

答え（　　　　　　　　　　　）

86 ◆小数◆

◆小数÷整数

わられる数が1より小さい

れい

$$
\begin{array}{r} 0. \\ 4\overline{)0.72} \end{array}
\Rightarrow
\begin{array}{r} 0.1 \\ 4\overline{)0.72} \\ \underline{4} \\ 3 \end{array}
\Rightarrow
\begin{array}{r} 0.1 \\ 4\overline{)0.72} \\ \underline{4} \\ 32 \end{array}
\Rightarrow
\begin{array}{r} 0.18 \\ 4\overline{)0.72} \\ \underline{4} \\ 32 \\ \underline{32} \\ 0 \end{array}
$$

1 次の計算をしましょう。 〔1問 16点〕

①
$$3\overline{)0.81}$$

②
$$6\overline{)0.72}$$

③
$$2\overline{)0.92}$$

④
$$4\overline{)0.64}$$

⑤
$$8\overline{)0.96}$$

⑥
$$5\overline{)0.85}$$

2 0.75Lの牛にゅうがあります。これを3人で同じりょうずつ分けます。1人分は何Lになりますか。 〔4点〕

[式]

答え（　　　　　　　　）

れい

```
       0.1 1 3
  4 ) 0.4 5 2
       4
         5
         4
         1 2
         1 2
             0
```

小数点を考えないで，整数と同じように計算し，わられる数にそろえて，商の小数点をうつよ。
商の0をわすれないように！

1 次の計算をしましょう。　　　　　　　　　　〔1問　20点〕

①
```
3 ) 0.5 7 3
```

②
```
2 ) 0.9 5 8
```

③
```
6 ) 0.2 3 4
```

2 次の計算を筆算でしましょう。　　　　　　　　〔1問　20点〕

① 0.652÷4　　　　　　　　② 0.371÷7

76 商に0が入る

れい

$$4\overline{)42.8}\atop 4$$ 　⇨　 10.
$$4\overline{)42.8}\atop \underline{4}2$$ 　⇨　 10.
$$4\overline{)42.8}\atop \underline{4}2\,8$$ 　⇨　 10.7
$$4\overline{)42.8}\atop \underline{4}\atop 2\,8\atop \underline{2\,8}\atop 0$$

---

1 次の計算をしましょう。　　　　　　　　　　〔1問　16点〕

① $6\overline{)64.2}$

② $3\overline{)92.7}$

③ $4\overline{)81.6}$

④ $5\overline{)5.35}$

⑤ $6\overline{)6.48}$

⑥ $2\overline{)4.18}$

---

2 8.32mのロープがあります。これを同じ長さに4本に切ります。
1本の長さは何mになりますか。　　　　　　　　　　〔4点〕

[式]

答え（　　　　　　　　　）

◆小数÷整数

77 商が1より小さい

れい

$$
\begin{array}{r}
0.86 \\
4\,\overline{)\,3.44} \\
3\,2 \\
\hline
2\,4 \\
2\,4 \\
\hline
0
\end{array}
$$

小数点を考えないで，整数と同じように計算し，わられる数にそろえて，商の小数点をうつよ。商の0をわすれないように！

1 次の計算をしましょう。 〔1問 16点〕

① $7\,\overline{)\,5.6}$

② $6\,\overline{)\,4.38}$

③ $9\,\overline{)\,5.76}$

④ $3\,\overline{)\,2.85}$

⑤ $6\,\overline{)\,5.04}$

⑥ $8\,\overline{)\,4.72}$

2 ももかさんの家では，うさぎをかっています。7日間で3.15kgのえさを使いました。1日に何kgずつ使ったことになりますか。 〔4点〕

式

答え ( )

78 $\frac{1}{10}$ の位の小数÷2けた

れい

$$
23\overline{)96.6} \\
\underline{4.2} \\
$$

```
      4.2
23)96.6
   92
   ――――
    46
    46
   ――――
     0
```

小数点を考えないで，整数と同じように計算し，わられる数にそろえて，商の小数点をうつよ。

1 次の計算をしましょう。　　　　　　　　　　　　　　　〔1問　16点〕

① $36\overline{)97.2}$

② $14\overline{)78.4}$

③ $31\overline{)65.1}$

④ $27\overline{)21.6}$

⑤ $59\overline{)47.2}$

⑥ $48\overline{)43.2}$

2 ねん土19.2kgを，24人で同じ重さずつに分けます。1人分のねん土の重さは何kgになりますか。　　　　　　　　　　　　　　〔4点〕

式

答え（　　　　　　　　　）

79 $\frac{1}{100}$ の位(くらい)の小数÷2けた

れい

$$
\begin{array}{r}
0.25 \\
27\overline{)6.75} \\
54 \\
\hline
135 \\
135 \\
\hline
0
\end{array}
$$

小数点を考えないで，整数と同じように計算し，わられる数にそろえて，商の小数点をうつよ。商の0をわすれないように！

1 次の計算をしましょう。 〔1問 16点〕

① $32\overline{)5.76}$

② $24\overline{)8.64}$

③ $36\overline{)5.04}$

④ $47\overline{)8.93}$

⑤ $18\overline{)1.62}$

⑥ $43\overline{)2.58}$

2 ジュースが8.75Lあります。これを35人で同じりょうずつ分けます。1人分は何Lになりますか。 〔4点〕

式

答え（　　　　　　　　　）

80 $\frac{1}{1000}$ の位の小数÷2けた

れい

$$
\begin{array}{r}
0.054 \\
16\overline{)0.864} \\
\underline{80} \\
64 \\
\underline{64} \\
0
\end{array}
$$

小数点を考えないで，整数と同じように計算し，わられる数にそろえて，商の小数点をうつよ。商の0をわすれないように！

1 次の計算をしましょう。　　　　　　　　　　　〔1問　20点〕

①　$14\overline{)0.896}$　　　②　$24\overline{)0.672}$　　　③　$58\overline{)0.754}$

2 次の計算を筆算でしましょう。　　　　　　　　〔1問　20点〕

①　$0.729 \div 27$　　　　　②　$0.608 \div 32$

81 あまりの出る小数のわり算（$\frac{1}{10}$の位まで）

れい

8.3÷3＝2.7あまり0.2

```
    2.7           2.7
3)8.3    ⇨    3)8.3
  6             6
  23            23
  21            21
   2           0:2  ⇦あまり
```

あまりの小数点は，
わられる数の小数点
にそろえてうつよ。

1 商は $\frac{1}{10}$ の位までもとめて，あまりも出しましょう。　〔1問　24点〕

① 9.5÷4

② 45.2÷7

③ 46.3÷12

④ 17.1÷18

2 長さ15.5mのはり金があります。このはり金を14人で同じ長さずつに分けると，1人分は何mになりますか。また，何mあまりますか。答えは $\frac{1}{10}$ の位までもとめ，あまりももとめましょう。　〔4点〕

式

答え (　　　　　　　　　　　　)

◆小数÷整数

あまりの出る小数のわり算 $\left(\dfrac{1}{100}\text{の位まで}\right)$

れい

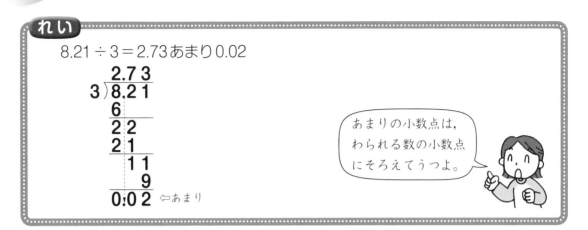

$8.21 \div 3 = 2.73$ あまり 0.02

あまりの小数点は，わられる数の小数点にそろえてうつよ。

1 商は $\dfrac{1}{100}$ の位までもとめて，あまりも出しましょう。 〔1問 25点〕

① $9.25 \div 4$

② $5.12 \div 9$

③ $2.19 \div 14$

④ $2.03 \div 26$

83 わり進む小数のわり算 (小数÷整数)

れい

```
    0.2          0.2 5
6)1.5    ⇒   6)1.5 0
  1 2          1 2
    3            3 0
                 3 0
                   0
```

1.5を1.50と考えて, わり算をつづけると, わり切れるね。

1 わり切れるまで計算しましょう。 〔1問 24点〕

① 5.2÷8

② 20.4÷24

③ 0.4÷5

④ 3.76÷16

2 まわりの長さが10.2cmある正方形の, 1辺の長さは何cmですか。
〔4点〕

式

答え (   )

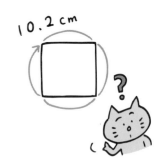

10.2 cm

84 わり進む小数のわり算 （整数÷整数）

れい

$$8\overline{)12}\quad\begin{array}{r}1\\-8\\\hline 4\end{array}\quad\Rightarrow\quad 8\overline{)12.0}\quad\begin{array}{r}1.5\\-8\\\hline 4\,0\\4\,0\\\hline 0\end{array}$$

12 を 12.0 と考えて、
わり算をつづけると、
わり切れるよ。

---

1 わり切れるまで計算しましょう。　　　　　〔1問　24点〕

① 9 ÷ 4　　　　　　　　② 9 ÷ 12

③ 26 ÷ 8　　　　　　　　④ 14 ÷ 16

2 4 m の重さが 15kg の鉄のぼうがあります。この鉄のぼう 1m の重さは何 kg ですか。　　　　　〔4点〕

式

答え（　　　　　　　　　　　）

85 がい数で答えるわり算 (1/10の位まで)

れい

```
      5.3 3
  3) 1 6.0
     1 5
       1 0
         9
         1 0
           9
           1 0
             9
             1
```

16÷3の商を四捨五入して, 1/10の位までのがい数でもとめる。

いくらわり算をつづけてもわり切れないときは, 商をがい数で表すことがあるよ。

1 商は四捨五入して, 1/10の位までのがい数でもとめましょう。

〔1問 24点〕

① 25÷6

② 32.6÷9

③ 82.4÷27

④ 115÷30

2 2Lのジュースがあります。このジュースを7人で等分すると, 1人分はやく何Lになりますか。答えは四捨五入して, 1/10の位までのがい数でもとめましょう。

〔4点〕

式

答え (   )

86 がい数で答えるわり算（$\frac{1}{100}$の位まで）

れい

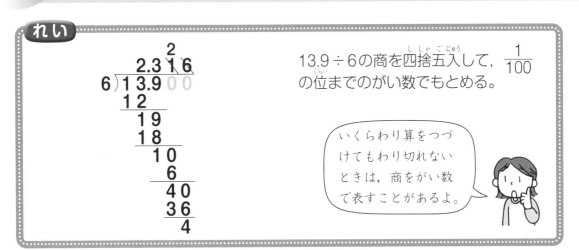

13.9÷6の商を四捨五入して，$\frac{1}{100}$の位までのがい数でもとめる。

いくらわり算をつづけてもわり切れないときは，商をがい数で表すことがあるよ。

1 商は四捨五入して，$\frac{1}{100}$の位までのがい数でもとめましょう。

〔1問 24点〕

① 21.8÷7

② 16÷22

③ 20.5÷19

④ 28÷46

2 長さ15.5mのロープがあります。このロープを3等分すると，1本分はやく何mになりますか。答えは四捨五入して，$\frac{1}{100}$の位までのがい数でもとめましょう。

〔4点〕

式

答え（　　　　　　　　　）

87 まとめの練習

1 次の計算を暗算でしましょう。　　　　　　　　　　〔1問　3点〕

① 4.5÷9　　　　　　　　② 0.32÷2

2 わり切れるまで計算しましょう。　　　　　　　　　〔1問　6点〕

① 4⟌87.2　　　② 6⟌50.4　　　③ 7⟌9.59

④ 5⟌0.75　　　⑤ 4⟌3.4　　　⑥ 48⟌18

3 商は$\frac{1}{10}$の位までもとめて，あまりも出しましょう。　〔1問　6点〕

① 6⟌23.1　　　② 9⟌73　　　③ 14⟌89.8

4 わり切れるまで計算しましょう。 〔1問 6点〕

① $4.16 \div 8$

② $12 \div 16$

③ $65.2 \div 4$

④ $8.37 \div 27$

⑤ $91.8 \div 34$

⑥ $11.9 \div 28$

5 りくとさんは，家から5.44kmはなれたとなり町の本屋まで行くのに，自転車で16分かかりました。1分間に何km走ったことになりますか。 〔4点〕

式

答え （　　　　　　　　　　　　）

88 小数のかけ算とわり算のまとめ

とく点

点

1 次の計算をしましょう。　　　　　　　　〔1問　5点〕

① 　6.5
　×　4

② 　39.4
　×　8

③ 　0.83
　×　25

④ 　4.6
　×31

⑤ 　27.5
　×　28

⑥ 　0.47
　×　30

2 次の計算をしましょう。　　　　　　　　〔1問　5点〕

① 4⟌6.4

② 6⟌85.8

③ 3⟌9.24

④ 8⟌3.92

⑤ 43⟌60.2

⑥ 29⟌7.54

3 次の計算をしましょう。わり算はわり切れるまで計算しましょう。

〔1問　6点〕

① 32.7×18

② 0.56÷4

③ 5.24×31

④ 49÷28

⑤ 0.307×3

⑥ 87.4÷46

4 だいちさんの体重は34kg，お父さんの体重は59.5kg です。お父さんの体重は，だいちさんの体重の何倍ですか。

〔4点〕

式

答え（　　　　　　　）

89 ●＋（▲＋■），●＋（▲－■）

れい

$$150＋(120＋40)$$
$$＝150＋160$$
$$＝310$$

$$150＋(120－40)$$
$$＝150＋80$$
$$＝230$$

かっこの中を先に計算するよ。

1 次の計算をしましょう。　〔1問　10点〕

①　$250＋(130＋60)$

②　$60＋(42＋18)$

2 次の計算をしましょう。　〔1問　10点〕

①　$380＋(190－40)$

②　$45＋(72－36)$

3 次の計算をしましょう。　〔1問　10点〕

①　$430＋(80＋210)$

②　$90＋(83－15)$

③　$85＋(21＋16)$

④　$150＋(240－160)$

⑤　$1.6＋(0.9＋0.7)$

⑥　$6.2＋(5.7－3.8)$

◆（　）を使った式の計算

●−(▲＋■)，●−(▲−■)

れい

500−(160＋120)
＝500−280
＝220

500−(160−120)
＝500−40
＝460

かっこの中を先に計算するよ。

1 次の計算をしましょう。　〔1問　12点〕

① 1000−(350＋200)　　② 80−(34＋19)

2 次の計算をしましょう。　〔1問　12点〕

① 700−(240−60)　　② 75−(40−12)

3 次の計算をしましょう。　〔1問　12点〕

① 66−(35−14)　　② 120−(55＋30)

③ 3.4−(2.9−1.1)　　④ 8.3−(3.6＋1.7)

4 60円のけしゴムと，135円のノートを買って500円玉を出しました。おつりは何円ですか。1つの式に表してからもとめましょう。　〔4点〕

式

答え（　　　　　　　　　）

◆（　）を使った式の計算

●×（▲＋■），●×（▲－■）

れい

$$12 \times (4+2)$$
$$= 12 \times 6$$
$$= 72$$

$$12 \times (4-2)$$
$$= 12 \times 2$$
$$= 24$$

かっこの中を先に計算するよ。

1 次の計算をしましょう。　　　〔1問　12点〕

① 15×（3＋6）　　② 8×（12＋13）

2 次の計算をしましょう。　　　〔1問　12点〕

① 24×（32－27）　　② 6×（23－8）

3 次の計算をしましょう。　　　〔1問　12点〕

① 120×（4＋3）　　② 35×（24－16）

③ 1.4×（1.8－0.8）　　④ 0.9×（3.1－1.1）

4 1本60円のえん筆を1ダースと4本買いました。えん筆の代金は全部で何円ですか。1つの式に表してからもとめましょう。　　〔4点〕

[式]

[答え] （　　　　　　　　）

◆（　）を使った式の計算

（●＋▲）×■, （●－▲）×■

れい

$(12＋3)×4$　　$(12－3)×4$
$=15×4$　　　$=9×4$
$=60$　　　　$=36$

かっこの中を先に計算するよ。

1　次の計算をしましょう。　　　　　　　　　　　　　〔1問　12点〕

①　$(21＋16)×5$　　　　②　$(9＋8)×6$

2　次の計算をしましょう。　　　　　　　　　　　　　〔1問　12点〕

①　$(34－29)×18$　　　②　$(25－3)×7$

3　次の計算をしましょう。　　　　　　　　　　　　　〔1問　12点〕

①　$(45－5)×140$　　　②　$(120＋50)×8$

③　$(3.6－1.4)×15$　　④　$(1.7＋0.4)×3$

4　1人に1さつ120円のノートと1本60円のえん筆を配ります。子どもは8人います。全部で何円あればよいでしょうか。1つの式に表してからもとめましょう。　　　　　　　　　　　　　〔4点〕

式

答え（　　　　　　　　　）

◆（　）を使った式の計算
●÷（▲＋■），●÷（▲−■）

れい

$$120 \div (16 + 8)$$
$$= 120 \div 24$$
$$= 5$$

$$120 \div (16 - 8)$$
$$= 120 \div 8$$
$$= 15$$

かっこの中を
先に計算
するよ。

1 次の計算をしましょう。　〔1問　12点〕

① $480 \div (9 + 7)$

② $720 \div (120 + 60)$

2 次の計算をしましょう。　〔1問　12点〕

① $90 \div (24 - 9)$

② $84 \div (12 - 5)$

3 次の計算をしましょう。　〔1問　12点〕

① $520 \div (80 + 50)$

② $72 \div (26 - 8)$

③ $240 \div (4.5 - 1.5)$

④ $180 \div (1.1 + 0.9)$

4 1本80円のえん筆と1本60円のえん筆を1組にして買うことにしました。840円では何組買うことができますか。1つの式に表してからもとめましょう。　〔4点〕

式

答え（　　　　　　　　　　　）

◆（　）を使った式の計算

(●＋▲)÷■, (●－▲)÷■

れい

(52＋20)÷8 　　　　(52－20)÷8
＝72÷8 　　　　　　＝32÷8
＝9 　　　　　　　　＝4

かっこの中を
先に計算
するよ。

---

1 次の計算をしましょう。　　　　　　　　　　〔1問　12点〕

① (42＋14)÷4 　　　　　② (120＋360)÷6

2 次の計算をしましょう。　　　　　　　　　　〔1問　12点〕

① (91－28)÷7 　　　　　② (720－80)÷40

3 次の計算をしましょう。　　　　　　　　　　〔1問　12点〕

① (85－31)÷9 　　　　　② (380＋160)÷30

③ (53.6＋21.4)÷15 　　　④ (72.3－16.3)÷8

4 みかんが54こあります。そのうちの6こがいたんでいたので，それをのぞいて8人で同じ数ずつ分けます。1人分は何こになりますか。1つの式に表してからもとめましょう。　　〔4点〕

式

答え（　　　　　　　　　　）

95 ●×(▲×■), ●×(▲÷■)

れい

$$3 \times (8 \times 2)$$
$$= 3 \times 16$$
$$= 48$$

$$3 \times (8 \div 2)$$
$$= 3 \times 4$$
$$= 12$$

 かっこの中を先に計算するよ。

1 次の計算をしましょう。　　　　　　　　　〔1問　10点〕

① $6 \times (5 \times 4)$

② $3 \times (15 \times 2)$

2 次の計算をしましょう。　　　　　　　　　〔1問　10点〕

① $9 \times (12 \div 3)$

② $7 \times (32 \div 8)$

3 次の計算をしましょう。　　　　　　　　　〔1問　10点〕

① $7 \times (25 \times 6)$

② $16 \times (63 \div 9)$

③ $24 \times (8 \times 5)$

④ $8 \times (45 \div 3)$

⑤ $1.8 \times (4 \times 5)$

⑥ $5.2 \times (12 \div 4)$

◆（　）を使った式の計算

●÷(▲×■), ●÷(▲÷■)

れい

$$60 \div (4 \times 5)$$
$$= 60 \div 20$$
$$= 3$$

$$24 \div (12 \div 3)$$
$$= 24 \div 4$$
$$= 6$$

かっこの中を
先に計算
するよ。

1 次の計算をしましょう。　〔1問　10点〕

①　$180 \div (5 \times 6)$

②　$480 \div (3 \times 8)$

2 次の計算をしましょう。　〔1問　10点〕

①　$54 \div (18 \div 2)$

②　$200 \div (35 \div 7)$

3 次の計算をしましょう。　〔1問　10点〕

①　$78 \div (3 \times 2)$

②　$450 \div (72 \div 8)$

③　$210 \div (6 \times 7)$

④　$72 \div (27 \div 9)$

⑤　$4.6 \div (4 \times 5)$

⑥　$7.2 \div (24 \div 2)$

れい

$$12 \times 3 \times 6$$
$$= 36 \times 6$$
$$= 216$$

$$64 \div 4 \div 8$$
$$= 16 \div 8$$
$$= 2$$

×や÷だけの式は、ふつう左からじゅんに計算するよ。

1 次の計算をしましょう。 〔1問 10点〕

① 16×3×5

② 25×6×7

2 次の計算をしましょう。 〔1問 10点〕

① 72÷3÷6

② 98÷7÷2

3 次の計算をしましょう。 〔1問 10点〕

① 14×5×8

② 120÷3÷8

③ 12×4×9

④ 84÷4÷3

⑤ 3.2×2×6

⑥ 17.5÷5÷7

◆＋－×÷のまじった計算

●×▲÷■，●÷▲×■

れい

$12 \times 3 \div 6$
$= 36 \div 6$
$= 6$

$32 \div 8 \times 3$
$= 4 \times 3$
$= 12$

×や÷だけの式は，
ふつう左からじゅんに
計算するよ。

1 次の計算をしましょう。 〔1問 12点〕

① $18 \times 4 \div 9$

② $15 \times 8 \div 6$

2 次の計算をしましょう。 〔1問 12点〕

① $56 \div 7 \times 3$

② $72 \div 4 \times 5$

3 次の計算をしましょう。 〔1問 12点〕

① $16 \times 3 \div 6$

② $63 \div 9 \times 4$

③ $2.8 \times 5 \div 7$

④ $9.6 \div 6 \times 5$

4 9こずつチョコレートが入った箱が，4箱あります。これを3人で等分すると，1人分は何こになりますか。1つの式に表してからもとめましょう。 〔4点〕

式

答え（ ）

◆ ＋－×÷のまじった計算
●＋▲×■，●－▲×■

れい

$$12 + 15 \times 4$$
$$= 12 + 60$$
$$= 72$$

$$100 - 15 \times 3$$
$$= 100 - 45$$
$$= 55$$

＋，－，×のまじった式では，かけ算を先に計算するよ。

1 次の計算をしましょう。 〔1問　12点〕

① $25 + 16 \times 3$

② $200 + 120 \times 4$

2 次の計算をしましょう。 〔1問　12点〕

① $65 - 9 \times 5$

② $300 - 25 \times 8$

3 次の計算をしましょう。 〔1問　12点〕

① $600 - 150 \times 3$

② $180 + 70 \times 6$

③ $24 - 3.6 \times 5$

④ $45 + 2.5 \times 4$

4 あおいさんは，140円のノートを1さつと，1本60円のえん筆を4本買いました。代金は全部で何円になりますか。1つの式に表してからもとめましょう。 〔4点〕

式

答え（　　　　　　　　　　）

◆＋−×÷のまじった計算

とく点

点

● ＋ ▲ ÷ ■ , ● − ▲ ÷ ■

れい

$16 + 18 \div 3$
$= 16 + 6$
$= 22$

$100 - 120 \div 3$
$= 100 - 40$
$= 60$

＋, −, ÷ のまじった式では, わり算を先に計算するよ。

1 次の計算をしましょう。 〔1問 12点〕

① $45 + 63 \div 7$

② $300 + 240 \div 6$

2 次の計算をしましょう。 〔1問 12点〕

① $28 - 54 \div 9$

② $550 - 320 \div 4$

3 次の計算をしましょう。 〔1問 12点〕

① $80 - 105 \div 3$

② $450 + 640 \div 2$

③ $6.2 + 4.5 \div 5$

④ $2.7 - 5.2 \div 4$

4 はるとさんは500円持っています。600円の物語の本を兄さんと2人で代金の半分ずつを出しあって買うと, はるとさんののこりのお金は何円になりますか。1つの式に表してからもとめましょう。 〔4点〕

式

答え（ ）

101 ＋, ×, ÷のまじった式

れい

$$4 \times 3 + 7 \times 2$$
$$= 12 + 14$$
$$= 26$$

$$6 \times 2 + 24 \div 8$$
$$= 12 + 3$$
$$= 15$$

＋, ×, ÷のまじった式は, かけ算とわり算を先に計算するよ。

1 次の計算をしましょう。 〔1問 12点〕

① $6 \times 7 + 9 \times 5$

② $1.1 \times 4 + 0.3 \times 7$

③ $30 \times 8 + 120 \div 4$

④ $1.2 \times 3 + 7.2 \div 9$

⑤ $42 \div 6 + 16 \times 2$

⑥ $2.4 \div 3 + 2.4 \times 5$

⑦ $320 \div 8 + 200 \div 5$

⑧ $8.4 \div 4 + 3.2 \div 2$

2 あんなさんは, 50円切手を5まいと, 80円切手を8まい買いました。代金は全部で何円になりますか。1つの式に表してからもとめましょう。 〔4点〕

[式]

答え（　　　　　　　　　）

れい

$$8 \times 3 - 2 \times 9$$
$$= 24 - 18$$
$$= 6$$

$$6 \times 5 - 24 \div 4$$
$$= 30 - 6$$
$$= 24$$

ー, ×, ÷のまじった式は, かけ算とわり算を先に計算するよ。

1 次の計算をしましょう。 〔1問 12点〕

① $16 \times 3 - 12 \times 2$

② $1.2 \times 4 - 0.6 \times 7$

③ $9 \times 6 - 72 \div 4$

④ $0.6 \times 5 - 2.1 \div 3$

⑤ $63 \div 3 - 5 \times 3$

⑥ $4.8 \div 2 - 0.7 \times 3$

⑦ $140 \div 2 - 540 \div 9$

⑧ $9.6 \div 6 - 1.5 \div 5$

2 ゆうまさんはえん筆を6本買って480円はらいました。ひまりさんはえん筆を4本買って300円はらいました。ゆうまさんの買ったえん筆1本のねだんは, ひまりさんの買ったえん筆1本のねだんよりいくら高いでしょうか。1つの式に表してからもとめましょう。 〔4点〕

式

答え（　　　　　　　　　）

103 （ ）, ＋, －, ×, ÷のまじった式

とく点

点

れい

$$50 + 4 \times (7 - 3)$$
$$= 50 + 4 \times 4$$
$$= 50 + 16$$
$$= 66$$

かっこの中，かけ算とわり算，
たし算とひき算のじゅんに計算
するよ。

1 次の計算をしましょう。　　　　　　　　　　　　〔1問　5点〕

① $20 + 3 \times (5 + 4)$　　　　② $45 - 8 \times (3 + 2)$

2 次の計算をしましょう。　　　　　　　　　　　　〔1問　5点〕

① $(24 - 16) \times (6 + 3)$　　　② $(31 - 7) \div (15 - 9)$

3 次の計算をしましょう。　　　　　　　　　　　　〔1問　5点〕

① $4 \times (12 - 3) \div 6$　　　　② $35 \div (4 + 3) \times 8$

4 次の計算をしましょう。　　　　　　　　　　　　〔1問　5点〕

① $15 + (32 - 2 \times 6)$　　　② $40 - (12 + 16 \div 2)$

5 次の計算をしましょう。 〔1問 5点〕

① $25 - 16 + 7 \times 3$

② $1.6 + 1.2 - 1.8 \div 3$

6 次の計算をしましょう。 〔1問 5点〕

① $32 + 6 \times (15 - 8)$

② $(40 - 13) \div (6 + 3)$

③ $2 - 6.3 \div (3 + 4)$

④ $7 \times (20 - 12) \div 4$

⑤ $72 \div (14 - 6) \times 5$

⑥ $(18 - 2) \times (16 - 11)$

⑦ $30 + (25 - 24 \div 8)$

⑧ $5 - 1.5 + 4.2 \div 6$

⑨ $28 + 40 - 9 \times 2$

⑩ $80 - (35 + 4 \times 6)$

◆計算のきまり

●＋▲＝▲＋●, ●×▲＝▲×●

れい

56＋22＝22＋56
78＋56＋22＝78＋22＋56
　　　　　　　＝100＋56
　　　　　　　＝156

たし算だけ，かけ算だけの計算はじゅんじょを入れかえても答えは同じだね。

56＋22を入れかえて，78＋22を先に計算するとかんたんだよ。

1 　□にあてはまる数を書きましょう。　　　　〔1問　8点〕

① 　2＋98＝98＋□

② 　23＋17＝□＋23

③ 　4×25＝25×□

④ 　5×12＝12×□

2 　くふうして計算しましょう。　　　　〔1問　8点〕

① 　36＋97＋4

② 　49＋88＋51

③ 　2.5＋5.6＋7.5

④ 　6.7＋78＋2.3

3 　くふうして計算しましょう。　　　　〔1問　9点〕

① 　25×37×4

② 　125×19×8

③ 　1.4×8×5

④ 　0.25×43×4

◆計算のきまり

とく点

点

●＋▲＋■＝●＋(▲＋■),●×▲×■＝●×(▲×■)

れい

67＋59＋41＝67＋(59＋41)
　　　　　＝167
9×5×6＝9×(5×6)
　　　　＝270

67＋(59＋41)，
9×(5×6)として計算
するとかんたんだよ。

1 くふうして計算しましょう。 〔1問　12点〕

①　94＋28＋72

②　286＋435＋65

③　8.9＋3.7＋6.3

④　58＋8.4＋21.6

2 くふうして計算しましょう。 〔1問　13点〕

①　23×15×2

②　74×25×40

③　49×1.2×5

④　6.8×2.5×4

$(● ＋ ▲) × ■ ＝ ● × ■ ＋ ▲ × ■,$
$(● － ▲) × ■ ＝ ● × ■ － ▲ × ■$

れい

$$(20＋3)×4＝20×4＋3×4＝92$$
$$18×6＋2×6＝(18＋2)×6＝120$$

1 次の計算をしましょう。　　　　　　　　〔1問　10点〕

① $(40＋6)×8$　　　　② $(10＋0.5)×4$

③ $(20－3)×6$　　　　④ $(10－1.3)×3$

2 次の計算をしましょう。　　　　　　　　〔1問　10点〕

① $29×6＋71×6$　　　　② $0.7×73＋0.3×73$

③ $46×32－45×32$　　　　④ $2.27×5－1.27×5$

3 くふうして計算しましょう。　　　　　　〔1問　10点〕

① $99×8$　　　　② $25.8×4$

$99＝(100－1)$
と考えてみよう。

$25.8＝(25＋0.8)$
と考えてみよう。

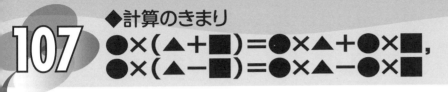

れい

$$3 \times (30 + 6) = 3 \times 30 + 3 \times 6 = 108$$
$$5 \times 23 + 5 \times 7 = 5 \times (23 + 7) = 150$$

1 次の計算をしましょう。　〔1問　10点〕

①　$7 \times (60 + 2)$　　　　②　$6 \times (20 + 1.5)$

③　$4 \times (70 - 4)$　　　　④　$5 \times (40 - 0.2)$

2 次の計算をしましょう。　〔1問　10点〕

①　$87 \times 6 + 87 \times 4$　　　②　$5.9 \times 7 + 5.9 \times 3$

③　$73 \times 18 - 73 \times 17$　　　④　$9.6 \times 82 - 9.6 \times 72$

3 くふうして計算しましょう。　〔1問　10点〕

①　9×98　　　　②　72×101

$98 = (100 - 2)$ と考えてみよう。

$101 = (100 + 1)$ と考えてみよう。

108 計算のじゅんじょときまりのまとめ

1 次の計算をしましょう。　　　　　　　　　　　〔1問　4点〕

① $75 - (19 + 26)$　　　　② $46 \times (21 - 13)$

③ $(250 + 140) \div 130$　　④ $3 \times (16 \times 5)$

2 次の計算をしましょう。　　　　　　　　　　　〔1問　4点〕

① $15 \times 8 \div 12$　　　　② $16 + 2.4 \times 3$

③ $490 \div 7 - 5 \times 9$　　④ $(12 - 7) \times (2 + 5)$

3 次の計算をしましょう。　　　　　　　　　　　〔1問　4点〕

① $29 + 84 + 71$　　　　② $71 \times 25 \times 4$

③ $34 \times 2 + 34 \times 8$　　④ $1.3 \times 58 - 1.3 \times 57$

4 次の計算をしましょう。　　　　　　　　　　　　　　〔1問　4点〕

① $65 - 450 \div 9$

② $9 \times (15 + 7)$

③ $37 \times 69 + 37 \times 31$

④ $(50 + 42) \div (12 - 8)$

⑤ $21 \times 4 \div 6$

⑥ $83 + 79 + 21$

⑦ $360 \div (120 - 80)$

⑧ $48 + 12 - 7 \times 5$

⑨ 98×5

⑩ $(185 - 25) \times 40$

5　１こ145円のなしを60こ買いました。たくさん買ったので，１こにつき5円安くしてくれました。全部で何円はらえばよいでしょうか。１つの式に表してからもとめましょう。　　　　　　　　　〔12点〕

式

答え（　　　　　　　　　　）

109 真分数＋真分数＝真分数

とく点

点

れい

$$\frac{2}{5} + \frac{1}{5} = \frac{3}{5}$$

分母はそのままで, 分子どうしのたし算をするよ。

1 次の計算をしましょう。 〔1問 12点〕

① $\frac{1}{5} + \frac{3}{5}$

② $\frac{2}{7} + \frac{4}{7}$

③ $\frac{4}{9} + \frac{1}{9}$

④ $\frac{5}{8} + \frac{2}{8}$

⑤ $\frac{1}{3} + \frac{1}{3}$

⑥ $\frac{3}{6} + \frac{2}{6}$

⑦ $\frac{3}{7} + \frac{1}{7}$

⑧ $\frac{2}{10} + \frac{5}{10}$

2 工作で, あさひさんはテープを $\frac{2}{5}$ m, かいとさんは $\frac{1}{5}$ m使いました。2人の使ったテープは, あわせて何mですか。分数で答えましょう。

式 〔4点〕

答え （ ）

◆分数のたし算

真分数＋真分数＝帯分数

れい

$$\frac{2}{5} + \frac{4}{5} = \frac{6}{5}$$
$$= 1\frac{1}{5}$$

答えが仮分数になったとき，帯分数か整数にすると大きさがわかりやすいよ。

1 次の計算をしましょう。　　　　　　　　　　〔1問　12点〕

① $\dfrac{4}{5} + \dfrac{3}{5}$

② $\dfrac{2}{3} + \dfrac{2}{3}$

③ $\dfrac{4}{7} + \dfrac{6}{7}$

④ $\dfrac{1}{3} + \dfrac{2}{3}$

⑤ $\dfrac{1}{6} + \dfrac{5}{6}$

⑥ $\dfrac{7}{9} + \dfrac{4}{9}$

⑦ $\dfrac{3}{4} + \dfrac{2}{4}$

⑧ $\dfrac{3}{7} + \dfrac{4}{7}$

2 重さ $\dfrac{2}{8}$ kg の入れものに，さとうを $\dfrac{7}{8}$ kg 入れました。全体の重さは何kgになりますか。　　　　　　　〔4点〕

式

答え（　　　　　　　　　）

◆分数のたし算

仮分数のたし算

れい

$$\frac{5}{3} + \frac{8}{3} = \frac{13}{3}$$
$$= 4\frac{1}{3}$$

仮分数のたし算も，真分数のたし算と同じように，分母はそのままで，分子どうしを計算するよ。

1 次の計算をしましょう。　　　　　　　〔1問　4点〕

① $\dfrac{9}{4} + \dfrac{2}{4}$

② $\dfrac{3}{5} + \dfrac{9}{5}$

③ $\dfrac{7}{6} + \dfrac{4}{6}$

④ $\dfrac{3}{2} + \dfrac{1}{2}$

2 次の計算をしましょう。　　　　　　　〔1問　4点〕

① $\dfrac{6}{3} + \dfrac{4}{3}$

② $\dfrac{9}{7} + \dfrac{8}{7}$

③ $\dfrac{5}{4} + \dfrac{8}{4}$

④ $\dfrac{7}{5} + \dfrac{6}{5}$

3 次の計算をしましょう。 〔1問 6点〕

① $\dfrac{7}{3} + \dfrac{1}{3}$

② $\dfrac{6}{5} + \dfrac{8}{5}$

③ $\dfrac{6}{4} + \dfrac{7}{4}$

④ $\dfrac{8}{6} + \dfrac{5}{6}$

⑤ $\dfrac{6}{2} + \dfrac{3}{2}$

⑥ $\dfrac{7}{8} + \dfrac{9}{8}$

⑦ $\dfrac{1}{7} + \dfrac{8}{7}$

⑧ $\dfrac{9}{4} + \dfrac{6}{4}$

⑨ $\dfrac{8}{6} + \dfrac{9}{6}$

⑩ $\dfrac{10}{9} + \dfrac{3}{9}$

4 ジュースを，きのう $\dfrac{4}{5}$ L，きょう $\dfrac{8}{5}$ L飲みました。あわせて何L飲みましたか。 〔8点〕

式

答え （ ）

112 帯分数・真分数＋整数

れい

$$1\frac{4}{5} + 2 = 3\frac{4}{5}$$

整数部分の和と
分数部分をあわ
せるよ。

1 次の計算をしましょう。　　　　　　　　　　〔1問　12点〕

① $2\frac{3}{4} + 1$　　　　　　② $3 + 1\frac{2}{5}$

③ $1\frac{5}{6} + 3$　　　　　　④ $2 + 2\frac{4}{7}$

⑤ $3\frac{4}{9} + 1$　　　　　　⑥ $3 + \frac{5}{8}$

⑦ $\frac{3}{10} + 2$　　　　　　⑧ $1 + 2\frac{1}{6}$

2 いちかさんの家から学校までは$1\frac{1}{4}$kmあります。学校から駅までは2kmあります。いちかさんの家から学校を通って駅までは，何kmになりますか。　　　　　　　　　　〔4点〕

式

答え（　　　　　　　　　）

113 帯分数＋真分数 (くり上がりなし)

れい

$$2\frac{1}{7} + \frac{2}{7} = 2\frac{3}{7}$$

整数部分に
分数部分の和を
あわせるよ。

1 次の計算をしましょう。　　　　　　　　　　　〔1問　12点〕

① $1\frac{3}{5} + \frac{1}{5}$

② $\frac{3}{7} + 2\frac{1}{7}$

③ $2\frac{1}{10} + \frac{6}{10}$

④ $\frac{2}{8} + 3\frac{5}{8}$

⑤ $3\frac{1}{3} + \frac{1}{3}$

⑥ $\frac{2}{6} + 1\frac{3}{6}$

⑦ $2\frac{4}{7} + \frac{2}{7}$

⑧ $\frac{5}{9} + 3\frac{2}{9}$

2 ロープがありました。$\frac{5}{8}$m使ったので，のこりが$1\frac{2}{8}$mになりました。ロープは，はじめに何mありましたか。　　　　　　〔4点〕

[式]

答え（　　　　　　　　）

れい

$$1\frac{5}{7} + \frac{3}{7} = 1\frac{8}{7}$$

$$= 2\frac{1}{7}$$

分数部分の和が仮分数
になったときは，整数
部分に1くり上げるよ。

1 次の計算をしましょう。 〔1問 12点〕

① $1\frac{3}{5} + \frac{4}{5}$

② $\frac{2}{6} + 2\frac{5}{6}$

③ $2\frac{4}{7} + \frac{5}{7}$

④ $\frac{5}{9} + 1\frac{6}{9}$

⑤ $1\frac{2}{3} + \frac{2}{3}$

⑥ $\frac{3}{4} + 3\frac{2}{4}$

⑦ $3\frac{7}{8} + \frac{4}{8}$

⑧ $\frac{4}{5} + 2\frac{2}{5}$

2 重さが $\frac{3}{5}$kg のびんに，油を $1\frac{4}{5}$kg 入れました。全体の重さは
何kg ですか。 〔4点〕

式

答え (   )

◆分数のたし算

帯分数＋帯分数 （くり上がりなし）

れい

$$2\frac{1}{5} + 1\frac{3}{5} = 3\frac{4}{5}$$

整数部分の和と分数部分の和をあわせて答えにするよ。

1 次の計算をしましょう。　　　　　　　　　〔1問　12点〕

① $1\frac{1}{4} + 2\frac{2}{4}$

② $2\frac{1}{3} + 1\frac{1}{3}$

③ $2\frac{2}{7} + 2\frac{4}{7}$

④ $1\frac{4}{9} + 3\frac{1}{9}$

⑤ $1\frac{2}{5} + 3\frac{1}{5}$

⑥ $3\frac{2}{8} + 1\frac{3}{8}$

⑦ $2\frac{2}{9} + 3\frac{5}{9}$

⑧ $1\frac{4}{10} + 4\frac{3}{10}$

2 じゃがいもをほりました。あやとさんは$1\frac{2}{5}$kg，いつきさんは$2\frac{1}{5}$kg ほりました。あわせて，じゃがいもを何kgほりましたか。　〔4点〕

式

答え（　　　　　　　　　　）

116 帯分数＋帯分数 (くり上がる)

とく点

点

れい

$$2\frac{5}{7} + 1\frac{4}{7} = 3\frac{9}{7}$$

$$= 4\frac{2}{7}$$

分数部分の和が仮分数になったときは，整数部分に１くり上げるよ。

1 次の計算をしましょう。 〔1問 12点〕

① $1\frac{2}{3} + 2\frac{2}{3}$

② $2\frac{4}{5} + 1\frac{3}{5}$

③ $2\frac{4}{9} + 2\frac{6}{9}$

④ $1\frac{3}{6} + 3\frac{4}{6}$

⑤ $1\frac{7}{8} + 1\frac{2}{8}$

⑥ $1\frac{6}{7} + 2\frac{5}{7}$

⑦ $3\frac{2}{5} + 1\frac{4}{5}$

⑧ $2\frac{7}{9} + 1\frac{6}{9}$

2 畑をたがやしています。きのうは$1\frac{6}{9}$ha，きょうは$1\frac{7}{9}$haたがやしました。全部で何haたがやしましたか。 〔4点〕

式

答え（ ）

117 和が整数になるたし算

れい

$$1\frac{4}{5} + 2\frac{1}{5} = 3\frac{5}{5}$$

$$= 4$$

分数部分が仮分数に
なったときは，帯分数
か整数になおすよ。

1 次の計算をしましょう。 〔1問 12点〕

① $2\frac{3}{4} + 1\frac{1}{4}$

② $1\frac{5}{6} + \frac{1}{6}$

③ $2\frac{5}{7} + 2\frac{2}{7}$

④ $\frac{3}{8} + 2\frac{5}{8}$

⑤ $1\frac{4}{9} + 3\frac{5}{9}$

⑥ $3\frac{2}{3} + \frac{1}{3}$

⑦ $2\frac{2}{6} + 1\frac{4}{6}$

⑧ $\frac{2}{5} + 1\frac{3}{5}$

2 はり金がありました。工作で$3\frac{5}{8}$m使ったので，のこりが$1\frac{3}{8}$m
になりました。はり金は，はじめに何mありましたか。 〔4点〕

式

答え（　　　　　　　　　　）

118 まとめの練習

1 次の計算をしましょう。 〔1問 4点〕

① $\dfrac{5}{9} + \dfrac{6}{9}$

② $\dfrac{4}{7} + \dfrac{1}{7}$

③ $\dfrac{8}{4} + \dfrac{9}{4}$

④ $\dfrac{2}{5} + \dfrac{3}{5}$

2 次の計算をしましょう。 〔1問 4点〕

① $1\dfrac{5}{9} + \dfrac{6}{9}$

② $\dfrac{3}{5} + 1\dfrac{1}{5}$

③ $\dfrac{3}{7} + 2\dfrac{4}{7}$

④ $2 + 3\dfrac{5}{6}$

3 次の計算をしましょう。 〔1問 4点〕

① $2\dfrac{3}{4} + 1\dfrac{2}{4}$

② $3\dfrac{1}{5} + 1\dfrac{2}{5}$

③ $1\dfrac{4}{8} + 3\dfrac{1}{8}$

④ $2\dfrac{7}{9} + 1\dfrac{2}{9}$

⑤ $1\dfrac{4}{10} + 3\dfrac{6}{10}$

⑥ $1\dfrac{4}{7} + 1\dfrac{5}{7}$

4 次の計算をしましょう。 〔1問 4点〕

① $1\dfrac{4}{5} + 2\dfrac{3}{5}$

② $\dfrac{5}{10} + \dfrac{6}{10}$

③ $\dfrac{2}{7} + 1\dfrac{3}{7}$

④ $2\dfrac{7}{8} + 1$

⑤ $2\dfrac{1}{6} + 1\dfrac{4}{6}$

⑥ $\dfrac{3}{5} + \dfrac{1}{5}$

⑦ $\dfrac{9}{8} + \dfrac{6}{8}$

⑧ $1\dfrac{5}{9} + \dfrac{4}{9}$

⑨ $2\dfrac{6}{7} + 1\dfrac{4}{7}$

⑩ $2\dfrac{2}{4} + 3\dfrac{3}{4}$

5 ハイキングに行き，$1\dfrac{3}{5}$km 歩きました。あと $1\dfrac{4}{5}$km 歩くつもりです。全部で何km歩くことになりますか。 〔4点〕

式

答え（ 　　　　　　　　 ）

れい

$$\frac{4}{5} - \frac{2}{5} = \frac{2}{5}$$

分母はそのままで,
分子のひき算をす
るよ。

1 次の計算をしましょう。

〔1問 12点〕

① $\frac{3}{5} - \frac{1}{5}$

② $\frac{2}{3} - \frac{1}{3}$

③ $\frac{5}{8} - \frac{2}{8}$

④ $\frac{7}{10} - \frac{4}{10}$

⑤ $\frac{6}{7} - \frac{3}{7}$

⑥ $\frac{5}{6} - \frac{4}{6}$

⑦ $\frac{8}{9} - \frac{7}{9}$

⑧ $\frac{4}{5} - \frac{1}{5}$

2 牛にゅうが $\frac{6}{8}$ Lありました。きょう $\frac{3}{8}$ L飲みました。牛にゅうは
何Lのこっていますか。

〔4点〕

式

答え（   ）

120 仮分数のひき算

れい

$$\frac{8}{3} - \frac{4}{3} = \frac{4}{3}$$

$$= 1\frac{1}{3}$$

仮分数のひき算も，真分数のひき算と同じように，分母はそのままで，分子どうしを計算するよ。

1 次の計算をしましょう。　　　〔1問 12点〕

① $\dfrac{10}{7} - \dfrac{6}{7}$

② $\dfrac{8}{3} - \dfrac{1}{3}$

③ $\dfrac{9}{8} - \dfrac{4}{8}$

④ $\dfrac{14}{9} - \dfrac{5}{9}$

2 次の計算をしましょう。　　　〔1問 12点〕

① $\dfrac{5}{3} - \dfrac{4}{3}$

② $\dfrac{12}{5} - \dfrac{6}{5}$

③ $\dfrac{12}{2} - \dfrac{10}{2}$

④ $\dfrac{13}{4} - \dfrac{5}{4}$

3 ペンキが $\dfrac{13}{6}$ L ありました。かべをぬるのに $\dfrac{7}{6}$ L 使いました。ペンキは何Lのこっていますか。　　　〔4点〕

式

答え（　　　　　　　）

121 帯分数ー整数

れい

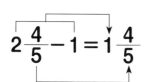

$$2\frac{4}{5} - 1 = 1\frac{4}{5}$$

整数部分の差と
分数部分をあわ
せるよ。

1 次の計算をしましょう。　　　　　　　　　　〔1問　12点〕

① $3\frac{1}{4} - 2$ 　　　　　② $4\frac{5}{6} - 2$

③ $2\frac{3}{8} - 1$ 　　　　　④ $3\frac{4}{7} - 1$

⑤ $4\frac{2}{3} - 3$ 　　　　　⑥ $2\frac{3}{5} - 2$

⑦ $3\frac{2}{7} - 2$ 　　　　　⑧ $5\frac{7}{9} - 4$

2 赤いリボンが $2\frac{4}{5}$ m，青いリボンが2mあります。赤いリボンと青いリボンの長さのちがいは何mですか。　　　　　　〔4点〕

式

 答え $\Big($　　　　　　　　　$\Big)$

122 帯分数－真分数（くり下がりなし）

れい

$$2\frac{3}{4} - \frac{2}{4} = 2\frac{1}{4}$$

整数部分に分数部分の差をあわせるよ。

1 次の計算をしましょう。 〔1問 12点〕

① $1\frac{4}{5} - \frac{2}{5}$

② $3\frac{6}{7} - \frac{4}{7}$

③ $5\frac{3}{8} - \frac{2}{8}$

④ $4\frac{2}{3} - \frac{2}{3}$

⑤ $2\frac{4}{9} - \frac{3}{9}$

⑥ $1\frac{5}{6} - \frac{4}{6}$

⑦ $3\frac{3}{4} - \frac{3}{4}$

⑧ $2\frac{5}{10} - \frac{2}{10}$

2 さとうが $2\frac{6}{8}$ kg ありました。そのうち $\frac{3}{8}$ kg 使いました。さとうは何 kg のこっていますか。 〔4点〕

式

答え（　　　　　　　）

123 帯分数ー真分数 (くり下がる)

れい

$$1\frac{2}{5} - \frac{3}{5} = \frac{7}{5} - \frac{3}{5}$$

$$= \frac{4}{5}$$

$1\frac{2}{5}$ は $\frac{7}{5}$ と同じ大きさだね。

1 次の計算をしましょう。 〔1問 5点〕

① $1\frac{1}{4} - \frac{2}{4}$

② $1\frac{4}{6} - \frac{5}{6}$

③ $1\frac{3}{8} - \frac{6}{8}$

④ $1\frac{3}{9} - \frac{8}{9}$

2 次の計算をしましょう。 〔1問 5点〕

① $2\frac{1}{3} - \frac{2}{3}$

② $2\frac{3}{5} - \frac{4}{5}$

③ $4\frac{4}{7} - \frac{5}{7}$

④ $3\frac{2}{10} - \frac{5}{10}$

3 次の計算をしましょう。 〔1問 5点〕

① $3\dfrac{6}{9} - \dfrac{8}{9}$

② $1\dfrac{1}{5} - \dfrac{4}{5}$

③ $4\dfrac{1}{4} - \dfrac{3}{4}$

④ $2\dfrac{3}{6} - \dfrac{5}{6}$

⑤ $1\dfrac{5}{8} - \dfrac{7}{8}$

⑥ $1\dfrac{5}{7} - \dfrac{6}{7}$

⑦ $2\dfrac{1}{6} - \dfrac{5}{6}$

⑧ $5\dfrac{2}{5} - \dfrac{3}{5}$

⑨ $1\dfrac{4}{8} - \dfrac{5}{8}$

⑩ $3\dfrac{3}{7} - \dfrac{5}{7}$

4 $4\dfrac{1}{5}$ kg の米がありました。きょう $\dfrac{4}{5}$ kg 使いました。米は何kg の
こっていますか。 〔10点〕

式

答え（　　　　　　　　　　）

124 帯分数ー帯分数（くり下がりなし）

れい

$$2\frac{4}{5} - 1\frac{1}{5} = 1\frac{3}{5}$$

答えは整数部分の差と分数部分の差をあわせるよ。

1 次の計算をしましょう。　　　　　　　　〔1問　12点〕

① $3\frac{4}{6} - 1\frac{3}{6}$

② $2\frac{6}{7} - 1\frac{2}{7}$

③ $4\frac{2}{3} - 1\frac{1}{3}$

④ $2\frac{3}{5} - 2\frac{1}{5}$

⑤ $3\frac{7}{9} - 3\frac{5}{9}$

⑥ $3\frac{7}{8} - 2\frac{2}{8}$

⑦ $4\frac{5}{7} - 2\frac{5}{7}$

⑧ $1\frac{3}{6} - 1\frac{2}{6}$

2 さつまいもが $4\frac{5}{9}$ kg とれたので，これを2つのふくろに分けようと思います。1つのふくろに $2\frac{3}{9}$ kg 入れると，もう1つのふくろは何kgになりますか。　　　　　　　〔4点〕

式

答え (　　　　　　　　　　)

125 帯分数ー帯分数（くり下がる）

れい

$$3\frac{1}{5} - 1\frac{4}{5} = 2\frac{6}{5} - 1\frac{4}{5}$$

$$= 1\frac{2}{5}$$

分数部分がひけないとき，整数部分の１を分数部分にくり下げて計算するよ。

1 次の計算をしましょう。　　　　　　　　　　〔1問　12点〕

① $3\frac{1}{7} - 1\frac{5}{7}$ 　　　　② $4\frac{1}{3} - 1\frac{2}{3}$

③ $4\frac{3}{8} - 2\frac{4}{8}$ 　　　　④ $2\frac{1}{5} - 1\frac{3}{5}$

⑤ $3\frac{2}{9} - 2\frac{4}{9}$ 　　　　⑥ $5\frac{4}{6} - 3\frac{5}{6}$

⑦ $4\frac{3}{7} - 1\frac{6}{7}$ 　　　　⑧ $2\frac{2}{4} - 1\frac{3}{4}$

2 赤いリボンが$3\frac{2}{4}$m，青いリボンが$2\frac{3}{4}$mあります。赤いリボンと青いリボンの長さのちがいは何mですか。　　　　〔4点〕

式

答え（　　　　　　　　　）

126 整数ー真分数

れい

$$2 - \frac{3}{5} = 1\frac{5}{5} - \frac{3}{5}$$

$$= 1\frac{2}{5}$$

2は$1\frac{5}{5}$と同じ大きさだね。

1 次の計算をしましょう。 〔1問 12点〕

① $3 - \frac{1}{4}$

② $2 - \frac{3}{7}$

③ $4 - \frac{5}{9}$

④ $1 - \frac{3}{8}$

⑤ $1 - \frac{2}{3}$

⑥ $3 - \frac{7}{10}$

⑦ $2 - \frac{5}{8}$

⑧ $1 - \frac{4}{5}$

2 ジュースが1Lありました。きょう$\frac{3}{8}$L飲みました。ジュースは，何Lのこっていますか。 〔4点〕

式

答え（ 　　　　　　 ）

127 整数－帯分数

れい

$$3 - 1\frac{3}{5} = 2\frac{5}{5} - 1\frac{3}{5}$$

$$= 1\frac{2}{5}$$

3を$2\frac{5}{5}$として計算するよ。

1 次の計算をしましょう。 〔1問 12点〕

① $3 - 1\frac{3}{4}$

② $4 - 1\frac{1}{6}$

③ $4 - 2\frac{6}{7}$

④ $2 - 1\frac{2}{5}$

⑤ $3 - 2\frac{5}{9}$

⑥ $5 - 2\frac{3}{8}$

⑦ $4 - 1\frac{2}{3}$

⑧ $4 - 3\frac{3}{10}$

2 3haの畑をたがやしています。きのうまでに$1\frac{1}{6}$haたがやしました。たがやしていない畑は何haありますか。 〔4点〕

式

答え（ 　　　　　　　　　）

128 まとめの練習

1 次の計算をしましょう。 〔1問 4点〕

① $\dfrac{4}{6} - \dfrac{3}{6}$

② $\dfrac{14}{9} - \dfrac{4}{9}$

2 次の計算をしましょう。 〔1問 4点〕

① $1\dfrac{3}{7} - \dfrac{6}{7}$

② $3\dfrac{4}{5} - 2$

③ $3\dfrac{2}{9} - 1\dfrac{4}{9}$

④ $2\dfrac{3}{4} - \dfrac{2}{4}$

⑤ $3\dfrac{3}{5} - 1\dfrac{2}{5}$

⑥ $1\dfrac{5}{8} - \dfrac{5}{8}$

⑦ $4\dfrac{3}{6} - \dfrac{4}{6}$

⑧ $4\dfrac{2}{10} - 1\dfrac{5}{10}$

3 次の計算をしましょう。 〔1問 4点〕

① $4 - 1\dfrac{1}{3}$

② $2 - \dfrac{3}{7}$

③ $5 - 4\dfrac{1}{6}$

④ $3 - 1\dfrac{2}{9}$

4 次の計算をしましょう。　　　　　　　　　　　　〔1問　4点〕

① $3\dfrac{1}{4} - 1\dfrac{2}{4}$

② $1\dfrac{2}{5} - \dfrac{4}{5}$

③ $\dfrac{6}{7} - \dfrac{2}{7}$

④ $4\dfrac{2}{9} - 2\dfrac{7}{9}$

⑤ $2\dfrac{1}{3} - 1$

⑥ $3 - 1\dfrac{1}{5}$

⑦ $\dfrac{19}{6} - \dfrac{8}{6}$

⑧ $2\dfrac{3}{7} - \dfrac{5}{7}$

⑨ $2 - \dfrac{3}{4}$

⑩ $5\dfrac{1}{8} - 2\dfrac{4}{8}$

5 ゆうとさんの家から市役所までは $1\dfrac{2}{4}$km，ゆうとさんの家から駅までは $\dfrac{3}{4}$km あります。ゆうとさんの家から市役所までと駅までとでは，どちらがどれだけ遠いですか。　　　〔4点〕

式

答え（　　　　　　　　　　　　　）

129

●＋▲＋■

れい

$$\frac{4}{7}+\frac{5}{7}+\frac{6}{7}=\frac{9}{7}+\frac{6}{7}$$

$$=\frac{15}{7}=2\frac{1}{7}$$

左からじゅんに
計算していくと
いいよ。

1 次の計算をしましょう。　　　　　　　　〔1問　10点〕

① $\dfrac{2}{5}+\dfrac{4}{5}+\dfrac{3}{5}$

② $\dfrac{6}{9}+\dfrac{5}{9}+\dfrac{10}{9}$

2 次の計算をしましょう。　　　　　　　　〔1問　10点〕

① $1\dfrac{5}{7}+\dfrac{3}{7}+1\dfrac{1}{7}$

② $\dfrac{6}{8}+\dfrac{5}{8}+1\dfrac{2}{8}$

3 次の計算をしましょう。　　　　　　　　〔1問　10点〕

① $\dfrac{2}{3}+\dfrac{1}{3}+\dfrac{4}{3}$

② $1\dfrac{3}{5}+\dfrac{4}{5}+\dfrac{1}{5}$

③ $\dfrac{6}{7}+\dfrac{3}{7}+\dfrac{4}{7}$

④ $\dfrac{2}{9}+1\dfrac{8}{9}+2\dfrac{4}{9}$

⑤ $\dfrac{4}{10}+\dfrac{8}{10}+\dfrac{5}{10}$

⑥ $1\dfrac{4}{8}+\dfrac{7}{8}+1\dfrac{6}{8}$

◆3つの分数の計算

● ー ▲ ー ■

れい

$$\frac{6}{7} - \frac{3}{7} - \frac{1}{7} = \frac{3}{7} - \frac{1}{7}$$

$$= \frac{2}{7}$$

左からじゅんに
計算していくと
いいよ。

1 次の計算をしましょう。　　　　　〔1問　10点〕

① $\dfrac{8}{10} - \dfrac{2}{10} - \dfrac{3}{10}$

② $\dfrac{13}{9} - \dfrac{1}{9} - \dfrac{4}{9}$

2 次の計算をしましょう。　　　　　〔1問　10点〕

① $2\dfrac{4}{5} - \dfrac{3}{5} - \dfrac{2}{5}$

② $3\dfrac{2}{8} - \dfrac{1}{8} - 1\dfrac{6}{8}$

3 次の計算をしましょう。　　　　　〔1問　10点〕

① $\dfrac{6}{8} - \dfrac{1}{8} - \dfrac{2}{8}$

② $3\dfrac{2}{7} - \dfrac{1}{7} - \dfrac{5}{7}$

③ $\dfrac{9}{10} - \dfrac{5}{10} - \dfrac{1}{10}$

④ $4\dfrac{1}{6} - 1\dfrac{4}{6} - \dfrac{2}{6}$

⑤ $\dfrac{10}{7} - \dfrac{2}{7} - \dfrac{2}{7}$

⑥ $2\dfrac{5}{9} - \dfrac{2}{9} - 1\dfrac{7}{9}$

●＋▲－■

れい

$$\frac{4}{5}+\frac{2}{5}-\frac{3}{5}=\frac{6}{5}-\frac{3}{5}$$
$$=\frac{3}{5}$$

左からじゅんに計算していくといいよ。

1 次の計算をしましょう。 〔1問 10点〕

① $\frac{3}{9}+\frac{7}{9}-\frac{8}{9}$

② $\frac{5}{10}+\frac{2}{10}-\frac{4}{10}$

2 次の計算をしましょう。 〔1問 10点〕

① $1\frac{2}{5}+\frac{4}{5}-\frac{6}{5}$

② $\frac{7}{8}+\frac{4}{8}-1\frac{2}{8}$

3 次の計算をしましょう。 〔1問 10点〕

① $\frac{4}{6}+\frac{3}{6}-\frac{2}{6}$

② $1\frac{2}{9}+\frac{3}{9}-\frac{7}{9}$

③ $\frac{1}{8}+\frac{5}{8}-\frac{3}{8}$

④ $2\frac{3}{7}+\frac{1}{7}-1\frac{6}{7}$

⑤ $\frac{9}{7}+\frac{2}{7}-\frac{5}{7}$

⑥ $\frac{3}{5}+1\frac{2}{5}-\frac{4}{5}$

◆3つの分数の計算

● － ▲ ＋ ■

れい

$$\frac{8}{9} - \frac{4}{9} + \frac{7}{9} = \frac{4}{9} + \frac{7}{9}$$

$$= \frac{11}{9} = 1\frac{2}{9}$$

左からじゅんに
計算していくと
いいよ。

1 次の計算をしましょう。　〔1問　10点〕

① $\frac{4}{6} - \frac{2}{6} + \frac{3}{6}$

② $\frac{8}{7} - \frac{2}{7} + \frac{6}{7}$

2 次の計算をしましょう。　〔1問　10点〕

① $2\frac{4}{5} - \frac{1}{5} + \frac{3}{5}$

② $3 - \frac{1}{3} + 1\frac{2}{3}$

3 次の計算をしましょう。　〔1問　10点〕

① $\frac{7}{8} - \frac{2}{8} + \frac{4}{8}$

② $2 - \frac{3}{6} + \frac{4}{6}$

③ $\frac{6}{10} - \frac{4}{10} + \frac{5}{10}$

④ $3\frac{2}{7} - \frac{5}{7} + \frac{1}{7}$

⑤ $\frac{10}{9} - \frac{2}{9} + \frac{6}{9}$

⑥ $1\frac{7}{10} - \frac{4}{10} + \frac{6}{10}$

133 分数のたし算とひき算のまとめ

1 次の計算をしましょう。 〔1問 5点〕

① $\dfrac{2}{6}+\dfrac{5}{6}$

② $2\dfrac{3}{5}+1$

③ $1\dfrac{4}{9}+1\dfrac{7}{9}$

④ $\dfrac{9}{7}+\dfrac{1}{7}$

2 次の計算をしましょう。 〔1問 5点〕

① $3\dfrac{2}{9}-1\dfrac{6}{9}$

② $\dfrac{5}{7}-\dfrac{2}{7}$

③ $2\dfrac{2}{4}-\dfrac{3}{4}$

④ $3-\dfrac{1}{3}$

3 次の計算をしましょう。 〔1問 5点〕

① $\dfrac{3}{8}+\dfrac{5}{8}+\dfrac{1}{8}$

② $1\dfrac{2}{5}-\dfrac{1}{5}+2\dfrac{4}{5}$

③ $4\dfrac{3}{9}-\dfrac{5}{9}-1\dfrac{2}{9}$

④ $3-\dfrac{3}{4}+1\dfrac{2}{4}$

4 次の計算をしましょう。　　　　　　　　　　〔1問　5点〕

① $1\frac{1}{4}+2\frac{3}{4}$

② $\frac{8}{7}-\frac{4}{7}-\frac{3}{7}$

③ $2-1\frac{3}{8}$

④ $2\frac{2}{3}-1\frac{2}{3}$

⑤ $\frac{5}{6}-\frac{1}{6}-\frac{3}{6}$

⑥ $\frac{5}{8}+1\frac{6}{8}$

⑦ $\frac{8}{9}+\frac{10}{9}$

⑧ $\frac{4}{7}+1\frac{1}{7}-\frac{6}{7}$

ひ　と　や　す　み

◆立方体を開いてみたら…
　右の立方体を開いた形（てん開図）は，
①，②，③のうちのどれでしょう。

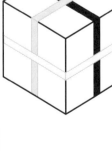

① 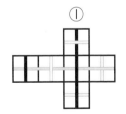　　② 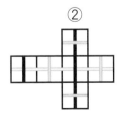　　③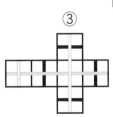

（答えはべっさつの 16 ページ）

134 4年のまとめ①

1 商は一の位までもとめ，あまりも出しましょう。　〔1問　3点〕

① 3 ⟌ 9 3 6

② 4 ⟌ 8 2 7

③ 7 ⟌ 3 7 4

④ 13 ⟌ 9 1

⑤ 29 ⟌ 2 3 6

⑥ 32 ⟌ 8 3 2

2 次の計算をしましょう。　〔1問　4点〕

①　　3.7 2
　　＋1.4 9

②　　0.4 5 7
　　＋0.3 8 3

③　　5.4
　　＋3.6 2

④　　2 4.3
　　－1 1.6

⑤　　8.2
　　－3.5 7

⑥　　5.1 3 9
　　－2.1 9 8

3 次の計算をしましょう。　〔1問　4点〕

①　　8.6
　　×　9

②　　4.6 5
　　×　　8

③　　2.0 6
　　×　3 4

4 次の計算をしましょう。 〔1問 4点〕

① $24 \times (67 - 59)$

② $210 - 420 \div 7$

③ $98 + 34 + 66$

④ $52 \times 25 + 52 \times 75$

5 次の計算をしましょう。 〔1問 4点〕

① $1\dfrac{1}{6} + \dfrac{4}{6}$

② $\dfrac{7}{5} + \dfrac{9}{5}$

③ $2\dfrac{5}{7} + 1\dfrac{1}{7}$

④ $\dfrac{8}{9} - \dfrac{3}{9}$

⑤ $3\dfrac{2}{8} - 1\dfrac{5}{8}$

⑥ $4 - 2\dfrac{3}{5}$

6 画用紙1まいから，カードを16まい作ることができます。140まいのカードを作るには，画用紙は何まいあればよいでしょうか。〔6点〕

式

答え（ ）

4年のまとめ②

1 上から1けたのがい数にして計算しましょう。 〔1問 4点〕

① 54728＋36542

② 9207－1864

③ 493×378

④ 6691÷53

2 次の計算をしましょう。 〔1問 4点〕

```
①   2.7
   ＋6.38
```

```
②  14.06
   － 9.12
```

```
③  0.294
   ＋0.306
```

```
④   2
   －0.45
```

```
⑤  1.26
   ＋4.83
```

```
⑥  3.403
   －2.097
```

3 次の計算をしましょう。 〔1問 4点〕

```
①  5.06
   ×   9
```

```
②  2.8
   × 37
```

```
③  0.64
   ×  45
```

計算にぐーーんと強くなる

◆ 答え合わせは，1つずつていねいに見ていきましょう。
◆ まちがえた問題は，どこでまちがえたのかたしかめてからやりなおしましょう。

---

1 ◆わり算の筆算 (P.4)
2けた÷1けた (九九を1回使う)

1 ①6あまり2　②7あまり4
③9あまり1　④5
⑤5あまり3　⑥3あまり7
⑦8あまり2　⑧8

2 式　42÷6＝7　答え　7つ

2 ◆わり算の筆算 (P.5)
2けた÷1けた (あまりなし①)

1 ①23 ②23 ③21 ④41 ⑤11 ⑥31

2 式　63÷3＝21　答え　21人

3 ◆わり算の筆算 (P.6)
2けた÷1けた (あまりなし②)

1 ①19 ②25 ③13 ④14 ⑤29 ⑥15

2 ①38 ②23

4 ◆わり算の筆算 (P.7)
2けた÷1けた (あまりあり①)

1 ①22あまり1　②32あまり1
③32あまり2　④11あまり3
⑤24あまり1

5 ◆わり算の筆算 (P.8)
2けた÷1けた (あまりあり②)

1 ①15あまり1　②16あまり2
③35あまり1　④24あまり3
⑤12あまり6　⑥16あまり4

2 ①17あまり2　②28あまり1

6 ◆わり算の筆算 (P.9)
2けた÷1けた (商の一の位が0)

1 ①20あまり3　②10あまり5
③40あまり1　④10
⑤30あまり1　⑥30あまり2

2 ①30　②10あまり2

3 式　82÷4＝20あまり2
答え　20こずつで，2こあまる。

7 ◆わり算の筆算 (P.10)
3けた÷1けた (あまりなし①)

1 ①231　②314　③221

2 ①131　②332

8 ◆わり算の筆算 (P.11)
3けた÷1けた (あまりなし②)

1 ①252　②218　③137

2 ①157　②224

9 ◆わり算の筆算 (P.12)
3けた÷1けた (あまりあり)

1 ①163あまり2　②435あまり1
③123あまり2

2 ①312あまり2　②176あまり3

10 ◆わり算の筆算 (P.13)
3けた÷1けた (商の一の位が0)

1 ①210あまり3　②470
③130あまり5　④180あまり1
⑤120　⑥130あまり4

2 式　845÷6＝140あまり5
答え　140箱できて，5本あまる。

11 ◆わり算の筆算 (P.14)
3けた÷1けた (商の十の位が0)

1 ①208　②402あまり1
③104あまり1　④207あまり2

⑤300あまり2　⑥308あまり1

2 [式]　820÷4=205　[答え]　205円

12 ◆わり算の筆算　(P.15)
3けた÷1けた（商が2けた①）

1 ①71　②61あまり2　③52
④91あまり1　⑤61　⑥91あまり1

2 [式]　208÷4=52　[答え]　52人

13 ◆わり算の筆算　(P.16)
3けた÷1けた（商が2けた②）

1 ①69　②56あまり1　③84
④64　⑤62あまり4　⑥14あまり2

2 ①76あまり2　②75

14 ◆わり算の筆算　(P.17)
3けた÷1けた（商が2けた,一の位が0）

1 ①80あまり2　②60　③70
④20あまり5　⑤50あまり4　⑥60

2 ①70あまり4　②90

3 [式]　180÷6=30　[答え]　30

15 ◆わり算の暗算　(P.18)
商が2けた

1 ①13　②21　③24　④15

2 ①92　②39　③52　④33

3 ①23　②59　③27　④13　⑤27　⑥19

4 [式]　45÷3=15　[答え]　15こ

16 ◆わり算の暗算　(P.19)
商が何百・何百何十

1 ①400　②200　③300　④150

2 ①410　②130　③130　④130
⑤320　⑥170　⑦130　⑧420

3 [式]　910÷7=130　[答え]　130円

17 ◆わり算の筆算と暗算　(P.20・21)
まとめの練習

1 ①41　②12　③13あまり4

2 ①428　②137あまり4　③120
④37あまり7　⑤107　⑥61あまり1

3 ①31　②160　③100　④26
⑤190　⑥47

4 ①8あまり4　②116　③10あまり6
④19　　⑤88あまり2　⑥65
⑦239　⑧120　⑨14あまり3

5 [式]　84÷7=12　[答え]　12こ

18 ◆わり算の暗算　(P.22)
何十でわるわり算（あまりなし）

1 ①2　②7　③3　④2

2 ①9　②7　③7　④7　⑤8
⑥2　⑦5　⑧8

3 [式]　480÷60=8　[答え]　8本

19 ◆わり算の暗算　(P.23)
何十でわるわり算（あまりあり）

1 ①3あまり10　②2あまり20
③2あまり10　④1あまり20

2 ①7あまり60　②5あまり10
③8あまり30　④5あまり30
⑤9あまり40　⑥8あまり10
⑦7あまり20　⑧6あまり40

3 [式]　380÷50=7あまり30
[答え]　7本とれて，30cmあまる。

20 ◆わり算の筆算　(P.24)
2けた÷2けた（あまりなし）

1 ①4　②3　③2　④2　⑤2　⑥3

2 ①3　②2

3 [式]　93÷31=3　[答え]　3まい

21 ◆わり算の筆算　(P.25)
2けた÷2けた（あまりあり）

1 ①4あまり2　②2あまり3
③3あまり1　④3あまり3
⑤2あまり2　⑥4あまり5

2 ①3あまり2　②2あまり4

3 [式]　76÷24=3あまり4
[答え]　3こずつ，4こあまる。

22 ◆わり算の筆算　(P.26)
2けた÷2けた（商の見当をつける①）

1 ①3あまり4　②2あまり16
③4あまり2　④3あまり17

⑤5あまり6　⑥2あまり28
②①4あまり6　②2あまり20
③ 式　86÷12＝7あまり2
　 答え　7箱できて，2こあまる。

◆わり算の筆算　　　　　　　　　（P.27）
23 2けた÷2けた（商の見当をつける②）

①①3あまり1　②2　③4あまり1
　④5あまり3　⑤3あまり2
　⑥5あまり1
②①4　②2あまり1
③ 式　92÷18＝5あまり2
　 答え　6まい

◆わり算の筆算　　　　　　　（P.28・29）
24 3けた÷2けた（商が1けた）

①①4　②5あまり14　③3あまり2
　④4あまり31　⑤7あまり66
　⑥6あまり6
②①9あまり7　②3あまり25
　③9あまり14　④7あまり19
　⑤5あまり59　⑥4
③①7あまり10　②7あまり45
　③5あまり2　④6あまり10
　⑤7あまり12　⑥2あまり50
④①3あまり72　②7あまり39
⑤ 式　240÷25＝9あまり15
　 答え　9本とれて，15cmあまる。

◆わり算の筆算　　　　　　　　　（P.30）
25 3けた÷2けた（商が2けた①）

①①17あまり12　②12
　③21あまり7　④36
　⑤43あまり14　⑥25あまり25
②①22あまり10　②56あまり12

◆わり算の筆算　　　　　　　　　（P.31）
26 3けた÷2けた（商が2けた②）

①①40あまり12　②20あまり30
　③30あまり7　④20あまり4
　⑤60　⑥40

②①30あまり15　②40あまり10
③ 式　480÷24＝20　 答え　20箱

◆わり算の筆算　　　　　　（P.32・33）
27 わり算のたしかめ

①①8あまり3　4×8＋3＝35
　②22あまり5　6×22＋5＝137
②①7あまり11　12×7＋11＝95
　②7あまり18　23×7＋18＝179
③①17あまり1　4×17＋1＝69
　②12あまり2　15×12＋2＝182
　③52あまり3　5×52＋3＝263
　④4あまり14　21×4＋14＝98
　⑤57あまり1　9×57＋1＝514
　⑥17あまり22　42×17＋22＝736

◆わり算の筆算と暗算　　　　（P.34・35）
28 まとめの練習

①①4　②9　③2あまり10
　④16あまり10
②①4　②3　③5　④8あまり1
　⑤3あまり9　⑥4あまり12
③①9　②5　③8　④18あまり7
　⑤17あまり5　⑥30あまり3
④①19あまり2　9×19＋2＝173
　②6あまり1　14×6＋1＝85
⑤ 式　160÷15＝10あまり10
　 答え　10本とれて，10cmあまる。

◆わり算の筆算と暗算　　　　（P.36・37）
29 わり算のまとめ

①①32　②13　③15あまり3　④164
　⑤130あまり1　⑥102あまり5
②①14　②70　③4　④6あまり10
③①3あまり2　②5あまり5　③4
　④6　⑤7　⑥14
④①6　②20あまり15
　③22あまり2　④8　⑤35　⑥325
⑤ 式　53÷11＝4あまり9
　 答え　4こずつで，9こあまる。

3

30 ◆がい数 がい数のたし算 (P.38)

1 ①4400＋7500＝11900
　②300＋400＋1100＝1800
2 ①24000＋15000＝39000
　②6000＋14000＝20000
3 ①200000＋540000＝740000
　②50000＋60000＝110000
4 式　7000＋14000＝21000
　答え　やく21000人

31 ◆がい数 がい数のひき算 (P.39)

1 ①4100－1400＝2700
　②1000－(200＋200)＝600
2 ①7000－4000＝3000
　②24000－17000＝7000
3 ①100000－20000＝80000
　②140000－80000＝60000
4 式　1200－1000＝200
　答え　やく200人

32 ◆がい数 がい数のかけ算 (P.40)

1 ①40×20＝800　②40×60＝2400
2 ①200×300＝60000
　②500×50＝25000
　③20×400＝8000
　④900×200＝180000
　⑤4000×500＝2000000
　⑥700×2000＝1400000
3 式　600×100＝60000
　答え　やく60000円

33 ◆がい数 がい数のわり算 (P.41)

1 ①600÷3＝200　②4000÷8＝500
2 ①6000÷30＝200
　②500÷50＝10
　③3000÷300＝10

④6000÷500＝12
⑤80000÷200＝400
⑥800000÷500＝1600
3 式　80000÷100＝800
　答え　やく800円

34 ◆がい数 まとめの練習 (P.42・43)

1 ①2400＋7400＝9800
　②2600－900＝1700
　③500＋3500＝4000
　④5000－1700＝3300
2 ①9000－5000＝4000
　②31000＋16000＝47000
　③20000－7000＝13000
　④3000＋13000＝16000
3 ①40000＋40000＝80000
　②260000－60000＝200000
　③150000＋840000＝990000
　④40000－20000＝20000
4 ①400×30＝12000
　②50×30＝1500
　③700×200＝140000
　④700×3000＝2100000
5 ①7000÷20＝350
　②600÷60＝10
　③80000÷200＝400
　④600000÷500＝1200
6 式　67000＋71000＝138000
　答え　やく138000人

35 ◆小数のたし算 1/10の位までの小数のたし算 (P.44)

1 ①2.8　②7.6　③1.9　④2.1
2 ①3.6　②1.8　③1　④9.8
　⑤1.1　⑥3.1
3 式　1.5＋0.8＝2.3
　答え　2.3L

4

36 ◆小数のたし算 （P.45）
1/100 の位までの小数のたし算①

1 ①0.81 ②0.63 ③1.45 ④1.07
⑤1.43 ⑥0.32

2 ①0.55 ②1.19 ③1.36 ④0.87

37 ◆小数のたし算 （P.46）
1/100 の位までの小数のたし算②

1 ①8.59 ②5.73 ③8.47 ④8.24
⑤9.04 ⑥8.19

2 ①7.33 ②10.17

3 式 1.36＋4.15＝5.51
答え 5.51kg

38 ◆小数のたし算 （P.47）
1/1000 の位までの小数のたし算①

1 ①0.434 ②0.901 ③0.905
④0.141 ⑤0.562 ⑥1.002

2 ①1.433 ②0.657 ③1.003
④0.102

39 ◆小数のたし算 （P.48）
1/1000 の位までの小数のたし算②

1 ①6.661 ②6.433 ③4.033
④6.104 ⑤10.232 ⑥6.011

2 ①8.646 ②6.019 ③8.002
④3.613

40 ◆小数のたし算 （P.49）
和の終わりが0の計算

1 ①8.5 ②4.2 ③0.7 ④14 ⑤20
⑥0.8

2 ①8 ②0.1

3 式 1.25＋0.35＝1.6
答え 1.6kg

41 ◆小数のたし算 （P.50）
けた数のちがう小数のたし算①

1 ①13.26 ②10.52 ③6.315
④3.604 ⑤10.03 ⑥8.004

2 ①7.46 ②2.294

3 式 1.35＋0.8＝2.15 答え 2.15m

42 ◆小数のたし算 （P.51）
けた数のちがう小数のたし算②

1 ①9.15 ②7.42 ③4.574
④8.035 ⑤6.303 ⑥10.09

2 ①16.63 ②10.006

3 式 0.4＋1.75＝2.15
答え 2.15kg

43 ◆小数のたし算 （P.52・53）
まとめの練習

1 ①0.45 ②1.05 ③5.72 ④8.43
⑤7.06 ⑥0.973 ⑦1.303
⑧5.028 ⑨5.751

2 ①7 ②8.7 ③6 ④3.53 ⑤0.9
⑥10.2

3 ①2.56 ②21.28 ③2.153
④5.309 ⑤10.02 ⑥30.13

4 ①4.48 ②15.46 ③20.23
④0.71 ⑤17.2 ⑥10.002
⑦5.038 ⑧20

5 式 2.5＋1.36＝3.86
答え 3.86kg

44 ◆小数のひき算 （P.54）
1/10 の位までの小数のひき算

1 ①2.1 ②0.3 ③2.1 ④4.8

2 ①1.5 ②1.3 ③0.5 ④7 ⑤0.7
⑥1.5

3 式 1.2－0.3＝0.9 答え 0.9L

45 ◆小数のひき算 （P.55）
1/100 の位までの小数のひき算①

1 ①4.08 ②2.69 ③3.78 ④7.27
⑤12.35 ⑥18.05

2 ①3.49 ②18.25

3 式 5.26－1.45＝3.81
答え 3.81kg

46 ◆小数のひき算 （P.56）
1/100 の位までの小数のひき算②

1 ①0.75 ②0.61 ③0.28 ④0.87

⑤0.97　⑥0.89

2 ①0.83　②0.99

3 式　2.74−2.56＝0.18

答え　えいたさんが，0.18m遠くまで
とんだ。

47 ◆小数のひき算 (P.57) 1/1000 の位までの小数のひき算①

1 ①4.088　②2.611　③4.851

④5.005　⑤1.909　⑥3.768

2 ①2.555　②3.417　③4.046

④1.524

48 ◆小数のひき算 (P.58) 1/1000 の位までの小数のひき算②

1 ①0.621　②0.814　③0.691

④0.586　⑤0.767　⑥0.268

2 ①0.136　②0.762　③0.617

④0.943

49 ◆小数のひき算 (P.59) 差の終わりが0の計算

1 ①2.6　②0.2　③8　④0.07　⑤5.6

⑥4

2 ①6.5　②0.4

3 式　2.35−0.75＝1.6

答え　1.6km

50 ◆小数のひき算 (P.60) けた数のちがう小数のひき算①

1 ①4.55　②2.63　③3.77　④3.881

⑤5.39　⑥0.183

2 ①0.849　②0.62

3 式　3.52−1.6＝1.92

答え　1.92kg

51 ◆小数のひき算 (P.61) けた数のちがう小数のひき算②

1 ①2.67　②37.02　③0.825

④3.84　⑤3.537　⑥0.117

2 ①2.31　②0.302　③0.91　④2.545

52 ◆小数のひき算 (P.62・63) まとめの練習

1 ①1.81　②34.72　③0.74

④4.404　⑤0.854　⑥0.874

2 ①5.8　②0.5　③0.69

3 ①3.17　②2.68　③2.53　④10.58

⑤2.115　⑥0.964

4 ①1.56　②0.284　③2.076

④1.22　⑤0.75　⑥0.376

5 ①0.91　②0.7　③0.758　④4.725

⑤1.04　⑥0.55　⑦3.08　⑧0.847

6 式　4−2.45＝1.55　答え　1.55km

53 ◆3つの小数の計算 (P.64) ●＋▲＋■

1 ①5.3　②6.4　③4.29　④4

2 ①9.4　②7　③4.06　④6.78

⑤7.79　⑥1.02

54 ◆3つの小数の計算 (P.65) ●−▲−■

1 ①2.5　②3.4　③3.28　④4.12

2 ①0.71　②2　③4.45　④3.66

⑤0.85　⑥8.46

55 ◆3つの小数の計算 (P.66) ●＋▲−■

1 ①4.4　②1.4　③0.45　④5.15

2 ①0.8　②3.09　③1.8　④0.42

⑤0.21　⑥4.06

56 ◆3つの小数の計算 (P.67) ●−▲＋■

1 ①6.3　②5.3　③3.32　④4.14

2 ①5.43　②2.48　③2.9　④11.18

⑤6.87　⑥4.53

57 ◆小数のたし算とひき算 (P.68・69) 小数のたし算とひき算のまとめ

1 ①4.85　②11.35　③0.7　④20.42

⑤3.941　⑥5.6　　⑦4.18　⑧2.8

⑨2.33

2 ①4.72 ②1.46 ③4.72 ④0.68

⑤0.771 ⑥0.77 ⑦0.397

⑧2.13 ⑨0.6

3 ①1.52 ②0.55 ③0.478 ④4.4

⑤5.525 ⑥4.958 ⑦2.45 ⑧0.5

4 式 2.92−0.45=2.47

答え 2.47m

◆小数×整数 (P.70)
58 小数×整数の暗算①

1 ①0.8 ②0.9 ③1.8 ④4

2 ①0.08 ②0.15 ③0.3 ④0.56

3 ①3.5 ②0.48 ③3.6 ④0.1

4 式 0.2×6=1.2 答え 1.2L

◆小数×整数 (P.71)
59 小数×整数の暗算②

1 ①4.8 ②6.2 ③8.6 ④6.9

2 ①5.4 ②9.6 ③12.6 ④16.2

3 ①2.8 ②14.8 ③7.2 ④10.6

4 式 1.6×4=6.4 答え 6.4kg

◆小数×整数 (P.72)
60 $\frac{1}{10}$ の位の小数×1けた

1 ①13.5 ②15.5 ③8.4 ④10.4

⑤103.2 ⑥409.6

2 ①26.8 ②364.5

3 式 1.8×6=10.8 答え 10.8L

◆小数×整数 (P.73)
61 $\frac{1}{100}$ の位の小数×1けた

1 ①5.61 ②24.92 ③4.92

④10.92 ⑤2.45 ⑥32.04

2 ①2.72 ②24.15

3 式 1.36×8=10.88

答え 10.88kg

◆小数×整数 (P.74)
62 $\frac{1}{1000}$ の位の小数×1けた

1 ①2.934 ②1.569 ③3.712

④1.348 ⑤4.095 ⑥5.632

2 ①2.076 ②3.367 ③2.028

④4.104

◆小数×整数 (P.75)
63 積が1より小さい

1 ①0.96 ②0.645 ③0.168

④0.858 ⑤0.45 ⑥0.432

2 ①0.92 ②0.954 ③0.935

④0.552

◆小数×整数 (P.76)
64 積の終わりが0①

1 ①21 ②21 ③10.5 ④2.4

⑤1.26 ⑥2.2

2 ①12.3 ②3.64

3 式 12.5×6=75 答え 75kg

◆小数×整数 (P.77)
65 $\frac{1}{10}$ の位の小数×2けた

1 ①122.2 ②377 ③30.6

2 ①955.5 ②50.4

3 式 28.3×25=707.5

答え 707.5g

◆小数×整数 (P.78)
66 $\frac{1}{100}$ の位の小数×2けた

1 ①100.08 ②20.72 ③5.2

2 ①144.96 ②55.68

3 式 0.45×25=11.25

答え 11.25kg

◆小数×整数 (P.79)
67 $\frac{1}{1000}$ の位の小数×2けた

1 ①10.488 ②8.874 ③0.476

④24.22 ⑤3.486 ⑥6.48

2 ①0.576 ②31.57

◆小数×整数 (P.80)
68 積の終わりが0②

1 ①84 ②170 ③86.4 ④18.5

⑤8 ⑥5.25

2 ①169 ②177.8

69 小数×何十
◆小数×整数 (P.81)

① ①78 ②282 ③1528 ④190.2
⑤37.1 ⑥36

② ①512 ②30

③ 式 0.35×20=7 答え 7km

70 まとめの練習
◆小数×整数 (P.82・83)

① ①5.4 ②0.4 ③9.6 ④24.5

② ①22.8 ②305.6 ③14.04
④3.15 ⑤0.873 ⑥24.3

③ ①243.2 ②2178.8 ③283.41
④16.74 ⑤17.4 ⑥49.2

④ ①1537.6 ②23.04 ③21.665
④322.5 ⑤20.4 ⑥2763

⑤ 式 2.15×8=17.2
答え 17.2kg

71 小数÷整数の暗算
◆小数÷整数 (P.84)

① ①0.3 ②0.4 ③1.2 ④1.3

② ①0.03 ②0.02 ③0.12 ④0.07

③ ①0.4 ②0.07 ③0.2 ④0.03

④ 式 1.2÷3=0.4 答え 0.4L

72 $\frac{1}{10}$の位の小数÷1けた
◆小数÷整数 (P.85)

① ①1.4 ②2.3 ③1.8 ④12.3
⑤4.5 ⑥16.7

② 式 27.2÷8=3.4 答え 3.4kg

73 $\frac{1}{100}$の位の小数÷1けた
◆小数÷整数 (P.86)

① ①2.43 ②1.32 ③1.47 ④2.87
⑤1.36 ⑥2.18

② 式 4.35÷3=1.45 答え 1.45m

74 わられる数が1より小さい
◆小数÷整数 (P.87)

① ①0.27 ②0.12 ③0.46 ④0.16
⑤0.12 ⑥0.17

② 式 0.75÷3=0.25 答え 0.25L

75 $\frac{1}{1000}$の位の小数÷1けた
◆小数÷整数 (P.88)

① ①0.191 ②0.479 ③0.039

② ①0.163 ②0.053

76 商に0が入る
◆小数÷整数 (P.89)

① ①10.7 ②30.9 ③20.4 ④1.07
⑤1.08 ⑥2.09

② 式 8.32÷4=2.08 答え 2.08m

77 商が1より小さい
◆小数÷整数 (P.90)

① ①0.8 ②0.73 ③0.64 ④0.95
⑤0.84 ⑥0.59

② 式 3.15÷7=0.45 答え 0.45kg

78 $\frac{1}{10}$の位の小数÷2けた
◆小数÷整数 (P.91)

① ①2.7 ②5.6 ③2.1 ④0.8
⑤0.8 ⑥0.9

② 式 19.2÷24=0.8 答え 0.8kg

79 $\frac{1}{100}$の位の小数÷2けた
◆小数÷整数 (P.92)

① ①0.18 ②0.36 ③0.14 ④0.19
⑤0.09 ⑥0.06

② 式 8.75÷35=0.25 答え 0.25L

80 $\frac{1}{1000}$の位の小数÷2けた
◆小数÷整数 (P.93)

① ①0.064 ②0.028 ③0.013

② ①0.027 ②0.019

81 あまりの出る小数のわり算（$\frac{1}{10}$の位まで）
◆小数÷整数 (P.94)

① ①2.3あまり0.3 ②6.4あまり0.4
③3.8あまり0.7 ④0.9あまり0.9

② 式 15.5÷14=1.1あまり0.1
答え 1.1mずつで，0.1mあまる。

8

9

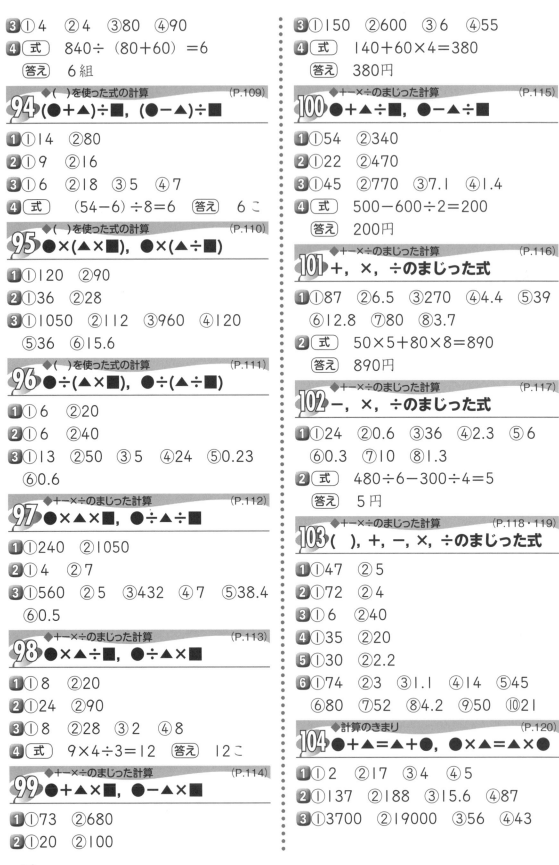

3 ①4 ②4 ③80 ④90

4 式　840÷(80+60)＝6

答え　6組

94 ◆( )を使った式の計算　(P.109)
(●+▲)÷■，(●-▲)÷■

1 ①14 ②80

2 ①9 ②16

3 ①6 ②18 ③5 ④7

4 式　(54-6)÷8＝6　答え　6こ

95 ◆( )を使った式の計算　(P.110)
●×(▲×■)，●×(▲÷■)

1 ①120 ②90

2 ①36 ②28

3 ①1050 ②112 ③960 ④120

⑤36 ⑥15.6

96 ◆( )を使った式の計算　(P.111)
●÷(▲×■)，●÷(▲÷■)

1 ①6 ②20

2 ①6 ②40

3 ①13 ②50 ③5 ④24 ⑤0.23

⑥0.6

97 ◆+-×÷のまじった計算　(P.112)
●×▲×■，●÷▲÷■

1 ①240 ②1050

2 ①4 ②7

3 ①560 ②5 ③432 ④7 ⑤38.4

⑥0.5

98 ◆+-×÷のまじった計算　(P.113)
●×▲÷■，●÷▲×■

1 ①8 ②20

2 ①24 ②90

3 ①8 ②28 ③2 ④8

4 式　9×4÷3＝12　答え　12こ

99 ◆+-×÷のまじった計算　(P.114)
●+▲×■，●-▲×■

1 ①73 ②680

2 ①20 ②100

3 ①150 ②600 ③6 ④55

4 式　140+60×4＝380

答え　380円

100 ◆+-×÷のまじった計算　(P.115)
●+▲÷■，●-▲÷■

1 ①54 ②340

2 ①22 ②470

3 ①45 ②770 ③7.1 ④1.4

4 式　500-600÷2＝200

答え　200円

101 ◆+-×÷のまじった計算　(P.116)
+，×，÷のまじった式

1 ①87 ②6.5 ③270 ④4.4 ⑤39

⑥12.8 ⑦80 ⑧3.7

2 式　50×5+80×8＝890

答え　890円

102 ◆+-×÷のまじった計算　(P.117)
-，×，÷のまじった式

1 ①24 ②0.6 ③36 ④2.3 ⑤6

⑥0.3 ⑦10 ⑧1.3

2 式　480÷6-300÷4＝5

答え　5円

103 ◆+-×÷のまじった計算　(P.118・119)
( )，+，-，×，÷のまじった式

1 ①47 ②5

2 ①72 ②4

3 ①6 ②40

4 ①35 ②20

5 ①30 ②2.2

6 ①74 ②3 ③1.1 ④14 ⑤45

⑥80 ⑦52 ⑧4.2 ⑨50 ⑩21

104 ◆計算のきまり　(P.120)
●+▲＝▲+●，●×▲＝▲×●

1 ①2 ②17 ③4 ④5

2 ①137 ②188 ③15.6 ④87

3 ①3700 ②19000 ③56 ④43

105 ◆計算のきまり　(P.121)
●＋▲＋■＝●＋(▲＋■)，●×▲×■＝●×(▲×■)

1 ①194　②786　③18.9　④88

2 ①690　②74000　③294　④68

106 ◆計算のきまり　(P.122)
(●＋▲)×■＝●×■＋▲×■，(●－▲)×■＝●×■－▲×■

1 ①368　②42　③102　④26.1

2 ①600　②73　③32　④5

3 ①99×8＝（100－1）×8
　　　　＝100×8－1×8
　　　　＝800－8＝792

　　②25.8×4＝（25＋0.8）×4
　　　　　＝25×4＋0.8×4
　　　　　＝100＋3.2＝103.2

107 ◆計算のきまり　(P.123)
●×(▲＋■)＝●×▲＋●×■，●×(▲－■)＝●×▲－●×■

1 ①434　②129　③264　④199

2 ①870　②59　③73　④96

3 ①9×98＝9×（100－2）
　　　　＝9×100－9×2
　　　　＝900－18＝882

　　②72×101＝72×（100＋1）
　　　　　＝72×100＋72×1
　　　　　＝7200＋72＝7272

108 ◆計算のじゅんじょときまり　(P.124・125)
計算のじゅんじょときまりのまとめ

1 ①30　②368　③3　④240

2 ①10　②23.2　③25　④35

3 ①184　②7100　③340　④1.3

4 ①15　②198　③3700　④23
　　⑤14　⑥183　⑦9　⑧25　⑨490
　　⑩6400

5 式　（145－5）×60＝8400
　　〔または，145×60－5×60＝8400〕
　　答え　8400円

109 ◆分数のたし算　(P.126)
真分数＋真分数＝真分数

1 ①$\frac{4}{5}$　②$\frac{6}{7}$　③$\frac{5}{9}$　④$\frac{7}{8}$　⑤$\frac{2}{3}$

　　⑥$\frac{5}{6}$　⑦$\frac{4}{7}$　⑧$\frac{7}{10}$

2 式　$\frac{2}{5}＋\frac{1}{5}＝\frac{3}{5}$　答え　$\frac{3}{5}$m

110 ◆分数のたし算　(P.127)
真分数＋真分数＝帯分数

1 ①$1\frac{2}{5}\left(\frac{7}{5}\right)$　②$1\frac{1}{3}\left(\frac{4}{3}\right)$

　　③$1\frac{3}{7}\left(\frac{10}{7}\right)$　④1　⑤1

　　⑥$1\frac{2}{9}\left(\frac{11}{9}\right)$　⑦$1\frac{1}{4}\left(\frac{5}{4}\right)$　⑧1

2 式　$\frac{2}{8}＋\frac{7}{8}＝\frac{9}{8}＝1\frac{1}{8}$

　　答え　$1\frac{1}{8}$kg $\left(\frac{9}{8}kg\right)$

111 ◆分数のたし算　(P.128・129)
仮分数のたし算

1 ①$2\frac{3}{4}\left(\frac{11}{4}\right)$　②$2\frac{2}{5}\left(\frac{12}{5}\right)$

　　③$1\frac{5}{6}\left(\frac{11}{6}\right)$　④2

2 ①$3\frac{1}{3}\left(\frac{10}{3}\right)$　②$2\frac{3}{7}\left(\frac{17}{7}\right)$

　　③$3\frac{1}{4}\left(\frac{13}{4}\right)$　④$2\frac{3}{5}\left(\frac{13}{5}\right)$

3 ①$2\frac{2}{3}\left(\frac{8}{3}\right)$　②$2\frac{4}{5}\left(\frac{14}{5}\right)$

　　③$3\frac{1}{4}\left(\frac{13}{4}\right)$　④$2\frac{1}{6}\left(\frac{13}{6}\right)$

　　⑤$4\frac{1}{2}\left(\frac{9}{2}\right)$　⑥2

　　⑦$1\frac{2}{7}\left(\frac{9}{7}\right)$　⑧$3\frac{3}{4}\left(\frac{15}{4}\right)$

　　⑨$2\frac{5}{6}\left(\frac{17}{6}\right)$　⑩$1\frac{4}{9}\left(\frac{13}{9}\right)$

4 式 $\dfrac{4}{5} + \dfrac{8}{5} = \dfrac{12}{5} = 2\dfrac{2}{5}$

答え $2\dfrac{2}{5}$ L $\left(\dfrac{12}{5}\text{L}\right)$

112 帯分数・真分数＋整数 ◆分数のたし算 (P.130)

1 ①$3\dfrac{3}{4}\left(\dfrac{15}{4}\right)$　②$4\dfrac{2}{5}\left(\dfrac{22}{5}\right)$

③$4\dfrac{5}{6}\left(\dfrac{29}{6}\right)$　④$4\dfrac{4}{7}\left(\dfrac{32}{7}\right)$

⑤$4\dfrac{4}{9}\left(\dfrac{40}{9}\right)$　⑥$3\dfrac{5}{8}\left(\dfrac{29}{8}\right)$

⑦$2\dfrac{3}{10}\left(\dfrac{23}{10}\right)$　⑧$3\dfrac{1}{6}\left(\dfrac{19}{6}\right)$

2 式 $1\dfrac{1}{4} + 2 = 3\dfrac{1}{4}\left(\dfrac{13}{4}\right)$

答え $3\dfrac{1}{4}$ km $\left(\dfrac{13}{4}\text{km}\right)$

113 帯分数＋真分数（くり上がりなし）◆分数のたし算 (P.131)

1 ①$1\dfrac{4}{5}\left(\dfrac{9}{5}\right)$

$1\dfrac{3}{5} + \dfrac{1}{5} = \dfrac{8}{5} + \dfrac{1}{5} = \dfrac{9}{5}$ のように計算して，仮分数で答えても正かいです。

②$2\dfrac{4}{7}\left(\dfrac{18}{7}\right)$　③$2\dfrac{7}{10}\left(\dfrac{27}{10}\right)$

④$3\dfrac{7}{8}\left(\dfrac{31}{8}\right)$　⑤$3\dfrac{2}{3}\left(\dfrac{11}{3}\right)$

⑥$1\dfrac{5}{6}\left(\dfrac{11}{6}\right)$　⑦$2\dfrac{6}{7}\left(\dfrac{20}{7}\right)$

⑧$3\dfrac{7}{9}\left(\dfrac{34}{9}\right)$

2 式 $1\dfrac{2}{8} + \dfrac{5}{8} = 1\dfrac{7}{8}\left(\dfrac{15}{8}\right)$

答え $1\dfrac{7}{8}$ m $\left(\dfrac{15}{8}\text{m}\right)$

114 帯分数＋真分数（くり上がる）◆分数のたし算 (P.132)

1 ①$2\dfrac{2}{5}\left(\dfrac{12}{5}\right)$　②$3\dfrac{1}{6}\left(\dfrac{19}{6}\right)$

③$3\dfrac{2}{7}\left(\dfrac{23}{7}\right)$　④$2\dfrac{2}{9}\left(\dfrac{20}{9}\right)$

⑤$2\dfrac{1}{3}\left(\dfrac{7}{3}\right)$　⑥$4\dfrac{1}{4}\left(\dfrac{17}{4}\right)$

⑦$4\dfrac{3}{8}\left(\dfrac{35}{8}\right)$　⑧$3\dfrac{1}{5}\left(\dfrac{16}{5}\right)$

2 式 $\dfrac{3}{5} + 1\dfrac{4}{5} = 2\dfrac{2}{5}\left(\dfrac{12}{5}\right)$

答え $2\dfrac{2}{5}$ kg $\left(\dfrac{12}{5}\text{kg}\right)$

115 帯分数＋帯分数（くり上がりなし）◆分数のたし算 (P.133)

1 ①$3\dfrac{3}{4}\left(\dfrac{15}{4}\right)$　②$3\dfrac{2}{3}\left(\dfrac{11}{3}\right)$

③$4\dfrac{6}{7}\left(\dfrac{34}{7}\right)$　④$4\dfrac{5}{9}\left(\dfrac{41}{9}\right)$

⑤$4\dfrac{3}{5}\left(\dfrac{23}{5}\right)$　⑥$4\dfrac{5}{8}\left(\dfrac{37}{8}\right)$

⑦$5\dfrac{7}{9}\left(\dfrac{52}{9}\right)$　⑧$5\dfrac{7}{10}\left(\dfrac{57}{10}\right)$

2 式 $1\dfrac{2}{5} + 2\dfrac{1}{5} = 3\dfrac{3}{5}\left(\dfrac{18}{5}\right)$

答え $3\dfrac{3}{5}$ kg $\left(\dfrac{18}{5}\text{kg}\right)$

116 帯分数＋帯分数（くり上がる）◆分数のたし算 (P.134)

1 ①$4\dfrac{1}{3}\left(\dfrac{13}{3}\right)$　②$4\dfrac{2}{5}\left(\dfrac{22}{5}\right)$

③$5\dfrac{1}{9}\left(\dfrac{46}{9}\right)$　④$5\dfrac{1}{6}\left(\dfrac{31}{6}\right)$

⑤$3\dfrac{1}{8}\left(\dfrac{25}{8}\right)$　⑥$4\dfrac{4}{7}\left(\dfrac{32}{7}\right)$

⑦$5\dfrac{1}{5}\left(\dfrac{26}{5}\right)$　⑧$4\dfrac{4}{9}\left(\dfrac{40}{9}\right)$

2 式 $1\dfrac{6}{9} + 1\dfrac{7}{9} = 3\dfrac{4}{9}\left(\dfrac{31}{9}\right)$

答え $3\dfrac{4}{9}$ ha $\left(\dfrac{31}{9}\text{ha}\right)$

117 和が整数になるたし算

1 ①4 ②2 ③5 ④3
 ⑤5 ⑥4 ⑦4 ⑧2

2 式 $1\frac{3}{8}+3\frac{5}{8}=5$ 答え 5m

118 まとめの練習

1 ①$1\frac{2}{9}\left(\frac{11}{9}\right)$ ②$\frac{5}{7}$ ③$4\frac{1}{4}\left(\frac{17}{4}\right)$
 ④1

2 ①$2\frac{2}{9}\left(\frac{20}{9}\right)$ ②$1\frac{4}{5}\left(\frac{9}{5}\right)$
 ③3 ④$5\frac{5}{6}\left(\frac{35}{6}\right)$

3 ①$4\frac{1}{4}\left(\frac{17}{4}\right)$ ②$4\frac{3}{5}\left(\frac{23}{5}\right)$
 ③$4\frac{5}{8}\left(\frac{37}{8}\right)$ ④4
 ⑤5 ⑥$3\frac{2}{7}\left(\frac{23}{7}\right)$

4 ①$4\frac{2}{5}\left(\frac{22}{5}\right)$ ②$1\frac{1}{10}\left(\frac{11}{10}\right)$
 ③$1\frac{5}{7}\left(\frac{12}{7}\right)$ ④$3\frac{7}{8}\left(\frac{31}{8}\right)$
 ⑤$3\frac{5}{6}\left(\frac{23}{6}\right)$ ⑥$\frac{4}{5}$ ⑦$1\frac{7}{8}\left(\frac{15}{8}\right)$
 ⑧2 ⑨$4\frac{3}{7}\left(\frac{31}{7}\right)$
 ⑩$6\frac{1}{4}\left(\frac{25}{4}\right)$

5 式 $1\frac{3}{5}+1\frac{4}{5}=3\frac{2}{5}\left(\frac{17}{5}\right)$

 答え $3\frac{2}{5}$km $\left(\frac{17}{5}$km$\right)$

119 真分数-真分数

1 ①$\frac{2}{5}$ ②$\frac{1}{3}$ ③$\frac{3}{8}$ ④$\frac{3}{10}$ ⑤$\frac{3}{7}$

⑥$\frac{1}{6}$ ⑦$\frac{1}{9}$ ⑧$\frac{3}{5}$

2 式 $\frac{6}{8}-\frac{3}{8}=\frac{3}{8}$ 答え $\frac{3}{8}$L

120 仮分数のひき算

1 ①$\frac{4}{7}$ ②$2\frac{1}{3}\left(\frac{7}{3}\right)$ ③$3\frac{5}{8}$ ④1

2 ①$\frac{1}{3}$ ②$1\frac{1}{5}\left(\frac{6}{5}\right)$ ③1 ④2

3 式 $\frac{13}{6}-\frac{7}{6}=1$ 答え 1 L

121 帯分数-整数

1 ①$1\frac{1}{4}\left(\frac{5}{4}\right)$ ②$2\frac{5}{6}\left(\frac{17}{6}\right)$
 ③$1\frac{3}{8}\left(\frac{11}{8}\right)$ ④$2\frac{4}{7}\left(\frac{18}{7}\right)$
 ⑤$1\frac{2}{3}\left(\frac{5}{3}\right)$ ⑥$\frac{3}{5}$ ⑦$1\frac{2}{7}\left(\frac{9}{7}\right)$
 ⑧$1\frac{7}{9}\left(\frac{16}{9}\right)$

2 式 $2\frac{4}{5}-2=\frac{4}{5}$ 答え $\frac{4}{5}$m

122 帯分数-真分数（くり下がりなし）

1 ①$1\frac{2}{5}\left(\frac{7}{5}\right)$ ②$3\frac{2}{7}\left(\frac{23}{7}\right)$
 ③$5\frac{1}{8}\left(\frac{41}{8}\right)$ ④4 ⑤$2\frac{1}{9}\left(\frac{19}{9}\right)$
 ⑥$1\frac{1}{6}\left(\frac{7}{6}\right)$ ⑦3 ⑧$2\frac{3}{10}\left(\frac{23}{10}\right)$

2 式 $2\frac{6}{8}-\frac{3}{8}=2\frac{3}{8}\left(\frac{19}{8}\right)$

 答え $2\frac{3}{8}$kg $\left(\frac{19}{8}$kg$\right)$

123 帯分数−真分数（くり下がる） (P.142・143)

1 ① $\frac{3}{4}$ ② $\frac{5}{6}$ ③ $\frac{5}{8}$ ④ $\frac{4}{9}$

2 ① $1\frac{2}{3}\left(\frac{5}{3}\right)$ ② $1\frac{4}{5}\left(\frac{9}{5}\right)$ ③ $3\frac{6}{7}\left(\frac{27}{7}\right)$ ④ $2\frac{7}{10}\left(\frac{27}{10}\right)$

3 ① $2\frac{7}{9}\left(\frac{25}{9}\right)$ ② $\frac{2}{5}$ ③ $3\frac{2}{4}\left(\frac{14}{4}\right)$ ④ $1\frac{4}{6}\left(\frac{10}{6}\right)$ ⑤ $\frac{6}{8}$ ⑥ $\frac{6}{7}$ ⑦ $1\frac{2}{6}\left(\frac{8}{6}\right)$ ⑧ $4\frac{4}{5}\left(\frac{24}{5}\right)$ ⑨ $\frac{7}{8}$ ⑩ $2\frac{5}{7}\left(\frac{19}{7}\right)$

4 式 $4\frac{1}{5}-\frac{4}{5}=3\frac{2}{5}\left(\frac{17}{5}\right)$

答え $3\frac{2}{5}$ kg $\left(\frac{17}{5}$ kg$\right)$

124 帯分数−帯分数（くり下がりなし） (P.144)

1 ① $2\frac{1}{6}\left(\frac{13}{6}\right)$ ② $1\frac{4}{7}\left(\frac{11}{7}\right)$ ③ $3\frac{1}{3}\left(\frac{10}{3}\right)$ ④ $\frac{2}{5}$ ⑤ $\frac{2}{9}$ ⑥ $1\frac{5}{8}\left(\frac{13}{8}\right)$ ⑦ 2 ⑧ $\frac{1}{6}$

2 式 $4\frac{5}{9}-2\frac{3}{9}=2\frac{2}{9}\left(\frac{20}{9}\right)$

答え $2\frac{2}{9}$ kg $\left(\frac{20}{9}$ kg$\right)$

125 帯分数−帯分数（くり下がる） (P.145)

1 ① $1\frac{3}{7}\left(\frac{10}{7}\right)$ ② $2\frac{2}{3}\left(\frac{8}{3}\right)$ ③ $1\frac{7}{8}\left(\frac{15}{8}\right)$ ④ $\frac{3}{5}$ ⑤ $\frac{7}{9}$ ⑥ $1\frac{5}{6}\left(\frac{11}{6}\right)$ ⑦ $2\frac{4}{7}\left(\frac{18}{7}\right)$ ⑧ $\frac{3}{4}$

2 式 $3\frac{2}{4}-2\frac{3}{4}=\frac{3}{4}$　答え $\frac{3}{4}$ m

126 整数−真分数 (P.146)

1 ① $2\frac{3}{4}\left(\frac{11}{4}\right)$ ② $1\frac{4}{7}\left(\frac{11}{7}\right)$ ③ $3\frac{4}{9}\left(\frac{31}{9}\right)$ ④ $\frac{5}{8}$ ⑤ $\frac{1}{3}$ ⑥ $2\frac{3}{10}\left(\frac{23}{10}\right)$ ⑦ $1\frac{3}{8}\left(\frac{11}{8}\right)$ ⑧ $\frac{1}{5}$

2 式 $1-\frac{3}{8}=\frac{5}{8}$　答え $\frac{5}{8}$ L

127 整数−帯分数 (P.147)

1 ① $1\frac{1}{4}\left(\frac{5}{4}\right)$ ② $2\frac{5}{6}\left(\frac{17}{6}\right)$ ③ $1\frac{1}{7}\left(\frac{8}{7}\right)$ ④ $\frac{3}{5}$ ⑤ $\frac{4}{9}$ ⑥ $2\frac{5}{8}\left(\frac{21}{8}\right)$ ⑦ $2\frac{1}{3}\left(\frac{7}{3}\right)$ ⑧ $\frac{7}{10}$

2 式 $3-1\frac{1}{6}=1\frac{5}{6}\left(\frac{11}{6}\right)$

答え $1\frac{5}{6}$ ha $\left(\frac{11}{6}$ ha$\right)$

128 まとめの練習 (P.148・149)

1 ① $\frac{1}{6}$ ② $1\frac{1}{9}\left(\frac{10}{9}\right)$

2 ① $\frac{4}{7}$ ② $1\frac{4}{5}\left(\frac{9}{5}\right)$ ③ $1\frac{7}{9}\left(\frac{16}{9}\right)$ ④ $2\frac{1}{4}\left(\frac{9}{4}\right)$ ⑤ $2\frac{1}{5}\left(\frac{11}{5}\right)$ ⑥ 1 ⑦ $3\frac{5}{6}\left(\frac{23}{6}\right)$ ⑧ $2\frac{7}{10}\left(\frac{27}{10}\right)$

3 ① $2\frac{2}{3}\left(\frac{8}{3}\right)$ ② $1\frac{4}{7}\left(\frac{11}{7}\right)$ ③ $\frac{5}{6}$ ④ $1\frac{7}{9}\left(\frac{16}{9}\right)$

4 ① $1\frac{3}{4}\left(\frac{7}{4}\right)$ ② $\frac{3}{5}$ ③ $\frac{4}{7}$

(4) $1\frac{4}{9}$ $\left(\frac{13}{9}\right)$　(5) $1\frac{1}{3}$ $\left(\frac{4}{3}\right)$

(6) $1\frac{4}{5}$ $\left(\frac{9}{5}\right)$　(7) $1\frac{5}{6}$ $\left(\frac{11}{6}\right)$

(8) $1\frac{5}{7}$ $\left(\frac{12}{7}\right)$　(9) $1\frac{1}{4}$ $\left(\frac{5}{4}\right)$

(10) $2\frac{5}{8}$ $\left(\frac{21}{8}\right)$

5 式　$1\frac{2}{4}-\frac{3}{4}=\frac{3}{4}$

答え　市役所までが, $\frac{3}{4}$km遠い。

129 ◆3つの分数の計算 （P.150）　●＋▲＋■

1 ① $1\frac{4}{5}$ $\left(\frac{9}{5}\right)$　② $2\frac{3}{9}$ $\left(\frac{21}{9}\right)$

2 ① $3\frac{2}{7}$ $\left(\frac{23}{7}\right)$　② $2\frac{5}{8}$ $\left(\frac{21}{8}\right)$

3 ① $2\frac{1}{3}$ $\left(\frac{7}{3}\right)$　② $2\frac{3}{5}$ $\left(\frac{13}{5}\right)$

③ $1\frac{6}{7}$ $\left(\frac{13}{7}\right)$　④ $4\frac{5}{9}$ $\left(\frac{41}{9}\right)$

⑤ $1\frac{7}{10}$ $\left(\frac{17}{10}\right)$　⑥ $4\frac{1}{8}$ $\left(\frac{33}{8}\right)$

130 ◆3つの分数の計算 （P.151）　●－▲－■

1 ① $\frac{3}{10}$　② $\frac{8}{9}$

2 ① $1\frac{4}{5}$ $\left(\frac{9}{5}\right)$　② $1\frac{3}{8}$ $\left(\frac{11}{8}\right)$

3 ① $\frac{3}{8}$　② $2\frac{3}{7}$ $\left(\frac{17}{7}\right)$　③ $\frac{3}{10}$

④ $2\frac{1}{6}$ $\left(\frac{13}{6}\right)$　⑤ $\frac{6}{7}$　⑥ $\frac{5}{9}$

131 ◆3つの分数の計算 （P.152）　●＋▲－■

1 ① $\frac{2}{9}$　② $\frac{3}{10}$

2 ① 1　② $\frac{1}{8}$

3 ① $\frac{5}{6}$　② $\frac{7}{9}$　③ $\frac{3}{8}$　④ $\frac{5}{7}$　⑤ $\frac{6}{7}$

⑥ $1\frac{1}{5}$ $\left(\frac{6}{5}\right)$

132 ◆3つの分数の計算 （P.153）　●－▲＋■

1 ① $\frac{5}{6}$　② $1\frac{5}{7}$ $\left(\frac{12}{7}\right)$

2 ① $3\frac{1}{5}$ $\left(\frac{16}{5}\right)$　② $4\frac{1}{3}$ $\left(\frac{13}{3}\right)$

3 ① $1\frac{1}{8}$ $\left(\frac{9}{8}\right)$　② $2\frac{1}{6}$ $\left(\frac{13}{6}\right)$　③ $\frac{7}{10}$

④ $2\frac{5}{7}$ $\left(\frac{19}{7}\right)$　⑤ $1\frac{5}{9}$ $\left(\frac{14}{9}\right)$

⑥ $1\frac{9}{10}$ $\left(\frac{19}{10}\right)$

133 ◆分数のたし算とひき算 （P.154・155）　分数のたし算とひき算のまとめ

1 ① $1\frac{1}{6}$ $\left(\frac{7}{6}\right)$　② $3\frac{3}{5}$ $\left(\frac{18}{5}\right)$

③ $3\frac{2}{9}$ $\left(\frac{29}{9}\right)$　④ $1\frac{3}{7}$ $\left(\frac{10}{7}\right)$

2 ① $1\frac{5}{9}$ $\left(\frac{14}{9}\right)$　② $\frac{3}{7}$　③ $1\frac{3}{4}$ $\left(\frac{7}{4}\right)$

④ $2\frac{2}{3}$ $\left(\frac{8}{3}\right)$

3 ① $1\frac{1}{8}$ $\left(\frac{9}{8}\right)$　② 4

③ $2\frac{5}{9}$ $\left(\frac{23}{9}\right)$　④ $3\frac{3}{4}$ $\left(\frac{15}{4}\right)$

4 ① 4　② $\frac{1}{7}$　③ $\frac{5}{8}$　④ 1

⑤ $\frac{1}{6}$　⑥ $2\frac{3}{8}$ $\left(\frac{19}{8}\right)$　⑦ 2　⑧ $\frac{6}{7}$

134 4年のまとめ① （P.156・157）

1 ①312　②206あまり3　③53あまり3

④7　⑤8あまり4　⑥26

2 ①5.21　②0.84　③9.02　④12.7

⑤4.63　⑥2.941

③①77.4　②37.2　③70.04

④①192　②150　③198　④5200

⑤①$1\frac{5}{6}\left(\frac{11}{6}\right)$　②$3\frac{1}{5}\left(\frac{16}{5}\right)$

　③$3\frac{6}{7}\left(\frac{27}{7}\right)$　④$\frac{5}{9}$　⑤$1\frac{5}{8}\left(\frac{13}{8}\right)$

　⑥$1\frac{2}{5}\left(\frac{7}{5}\right)$

⑥[式]　140÷16＝8あまり12

　[答え]　9まい

（P.158・159）

135　4年のまとめ②

①①50000＋40000＝90000

　②9000－2000＝7000

　③500×400＝200000

　④7000÷50＝140

②①9.08　②4.94　③0.6　④1.55

　⑤6.09　⑥1.306

③①45.54　②103.6　③28.8

④①1.3　②2.5　③0.74　④0.24

　⑤0.65　⑥0.75

⑤①$1\frac{5}{9}\left(\frac{14}{9}\right)$　②4

　③$1\frac{1}{10}\left(\frac{11}{10}\right)$　④$\frac{5}{7}$

⑥[式]　28.4＋32.7＝61.1

　[答え]　61.1kg

●ひとやすみの答え

P.7　5＋9＋7＋4＋8＋4＋3＝40

P.35

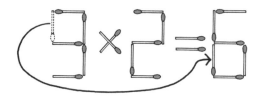

P.155　③（テープの重なり方に注意してみよう。）

16

2308R11

4 次のわり算をわり切れるまでしましょう。　　〔1問　4点〕

① 6$\overline{)7.8}$

② 19$\overline{)47.5}$

③ 8$\overline{)5.92}$

④ 36$\overline{)8.64}$

⑤ 4$\overline{)2.6}$

⑥ 32$\overline{)24}$

5 次の計算をしましょう。　　〔1問　5点〕

① $2\frac{4}{9}-\frac{8}{9}$

② $1\frac{3}{8}+2\frac{5}{8}$

③ $\frac{9}{10}+\frac{2}{10}$

④ $3\frac{2}{7}-2\frac{4}{7}$

6 まことさんの体重は28.4kg です。お父さんは，まことさんより 32.7kg 重いそうです。お父さんの体重は何kg ですか。　　〔4点〕

式

答え（　　　　　　　　　　）

基礎力をつけるには くもんの小学ドリル が 強いみかた!!

スモールステップで、らくらく力がついていく!!

算数

計算シリーズ（全13巻）
① 1年生たしざん
② 1年生ひきざん
③ 2年生たし算
④ 2年生ひき算
⑤ 2年生かけ算（九九）
⑥ 3年生たし算・ひき算
⑦ 3年生かけ算
⑧ 3年生わり算
⑨ 4年生わり算
⑩ 4年生分数・小数
⑪ 5年生分数
⑫ 5年生小数
⑬ 6年生分数

数・量・図形シリーズ（学年別全6巻）

文章題シリーズ（学年別全6巻）

学力チェックテスト

算数（学年別全6巻）

国語（学年別全6巻）

英語（5年生・6年生 全2巻）

国語

1年生ひらがな

1年生カタカナ

漢字シリーズ（学年別全6巻）

言葉と文のきまりシリーズ（学年別全6巻）

文章の読解シリーズ（学年別全6巻）

書き方（書写）シリーズ（全4巻）
① 1年生ひらがな・カタカナのかきかた
② 1年生かん字のかきかた
③ 2年生かん字の書き方
④ 3年生漢字の書き方

英語

3・4年生はじめてのアルファベット
ローマ字学習つき

3・4年生はじめてのあいさつと会話

5年生英語の文

6年生英語の文

くもんの算数集中学習　小学4年生 計算にぐーんと強くなる

2020年2月　第1版第1刷発行
2023年8月　第1版第11刷発行

●印刷・製本　凸版印刷株式会社
●カバーデザイン　辻中浩一＋小池万友美（ウフ）
●カバーイラスト　亀山鶴子

●本文イラスト　たなかあさこ・村山尚子
●本文デザイン　ワイワイ・デザインスタジオ
●編集協力　株式会社 アポロ企画

●発行人　志村直人
●発行所　株式会社くもん出版
　〒141-8488 東京都品川区東五反田2-10-2
　　　　　東五反田スクエア11F
　電話　編集直通　03（6836）0317
　　　　営業直通　03（6836）0305
　　　　代表　　　03（6836）0301

© 2020 KUMON PUBLISHING CO.,Ltd Printed in Japan
ISBN 978-4-7743-2978-9
落丁・乱丁はおとりかえいたします。
本書を無断で複写・複製・転載・翻訳することは、法律で認められた場合を除き禁じられています。
購入者以外の第三者による本書のいかなる電子複製も一切認められていませんのでご注意ください。
CD 57300

くもん出版ホームページアドレス　https://www.kumonshuppan.com/

※本書は『計算集中学習 小学4年生』を改題し、新しい内容を加えて編集しました。